小6理科を
ひとつひとつわかりやすく。
[改訂版]

Gakken

ひとつひとつわかりやすく。シリーズとは

やさしい言葉で要点しっかり！

難しい用語をできるだけ使わずに，イラストとわかりやすい文章で解説しています。
理科が苦手な人や，ほかの参考書は少し難しいと感じる人でも，無理なく学習できます。

ひとつひとつ，解くからわかる！

解説ページを読んだあとは，ポイントをおさえた問題で，理解した内容をしっかり定着できます。
テストの点数アップはもちろん，理科の基礎力がしっかり身につきます。

やりきれるから，自信がつく！

１回分はたったの２ページ。
約10分で負担感なく取り組めるので，初めての自主学習にもおすすめです。

この本の使い方

1回10分，読む→解く→わかる！

１回分の学習は２ページです。毎日少しずつ学習を進めましょう。

答え合わせもかんたん・わかりやすい！

解答は本体に軽くのりづけしてあるので，ひっぱって取り外してください。
問題とセットで答えが印刷してあるので，ひとりで答え合わせができます。

復習テストで，テストの点数アップ！

各分野の最後に，これまで学習した内容を確認するための「復習テスト」があります。

学習のスケジュールも，ひとつひとつチャレンジ！

まずは次回の学習予定を決めて記入しよう！

１日の学習が終わったら，もくじページにシールをはりましょう。
また，次回の学習予定日を決めて記入してみましょう。

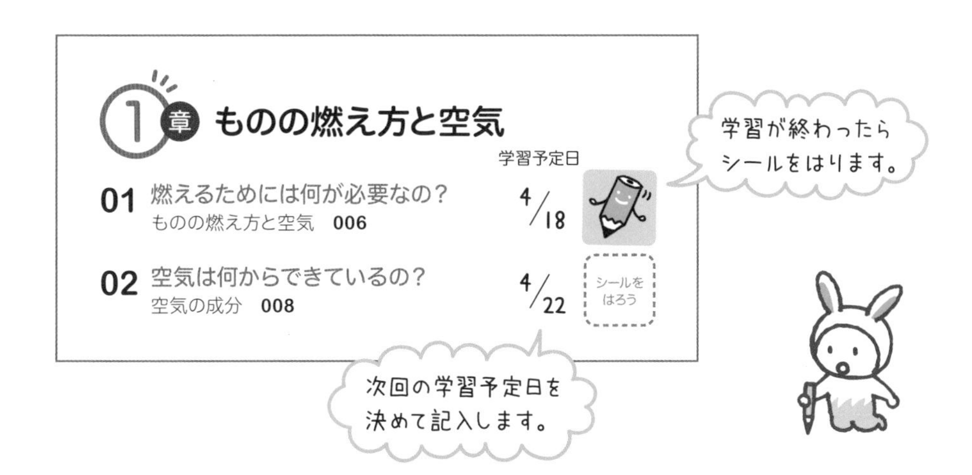

カレンダーや手帳で，さらに先の学習計画を立ててみよう！

おうちのカレンダーや自分の手帳にシールをはりながら，まずは１週間ずつ学習スケジュールを立ててみましょう。
それができたら，次は月ごとのスケジュールを立ててみましょう。

みなさんへ

小学６年の理科は，植物，動物，てこ，電気，天体，地しん，水よう液，ものの燃え方など，さまざまな分野の「なぜ？」「どうして？」について学習します。
この本では，学校で習う内容の中でも特に大切なところを，イラストでまとめています。ぜひ文章とイラストをセットにして，現象をイメージしながら読んでください。
理科は用語を覚えることも大切ですが，単純（たんじゅん）な暗記教科ではありません。特に実験は，ひとつひとつの手順をなぜおこなうのか，ほかの人に説明できるようになるとよいですね。
みなさんがこの本で理科の知識を身につけ，「理科っておもしろいな」「もっと知りたいな」と思ってもらえれば，とてもうれしいです。

もくじ 小6理科

次回の学習日を決めて，書きこもう。
1回の学習が終わったら，巻頭のシールをはろう。

1章 ものの燃え方と空気

学習予定日

2章 体のつくりとはたらき

学習予定日

3章 植物のつくりとはたらき

学習予定日

4章 生物どうしのつながり

学習予定日

5章 月と太陽

学習予定日

6章 土地のつくりと変化

学習予定日

7章 てこのはたらき

学習予定日

8章 水よう液の性質

学習予定日

9章 電気の性質とはたらき

学習予定日

10章 生物と地球の環境

学習予定日

わかる君を探してみよう！

この本にはちょっと変わったわかる君が全部で９つかくれています。学習を進めながら探してみてくださいね。

色や大きさは，上の絵とちがうことがあるよ！

学習日 月 日

01 燃えるためには何が必要なの？

★ものが燃えるには，３つの条件が必要！

ものは，①燃えるもの（木や紙，ろうなど）がある，②ものが燃え始める温度になっている，③空気がある，という**３つの条件がすべて**そろっていなければ，燃えることができません。

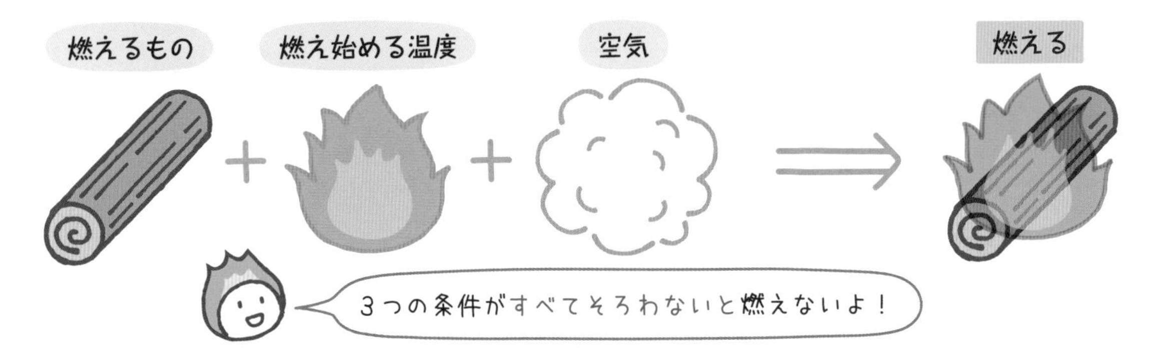

★ものが燃え続けるには，空気が入れかわることが必要！

ものが燃えると，火のまわりの空気は，ものを燃やすはたらきをだんだんと失っていきます。そのため，ものが燃え続けるには，火のまわりの空気が入れかわって，**新しい空気**にふれる必要があります。

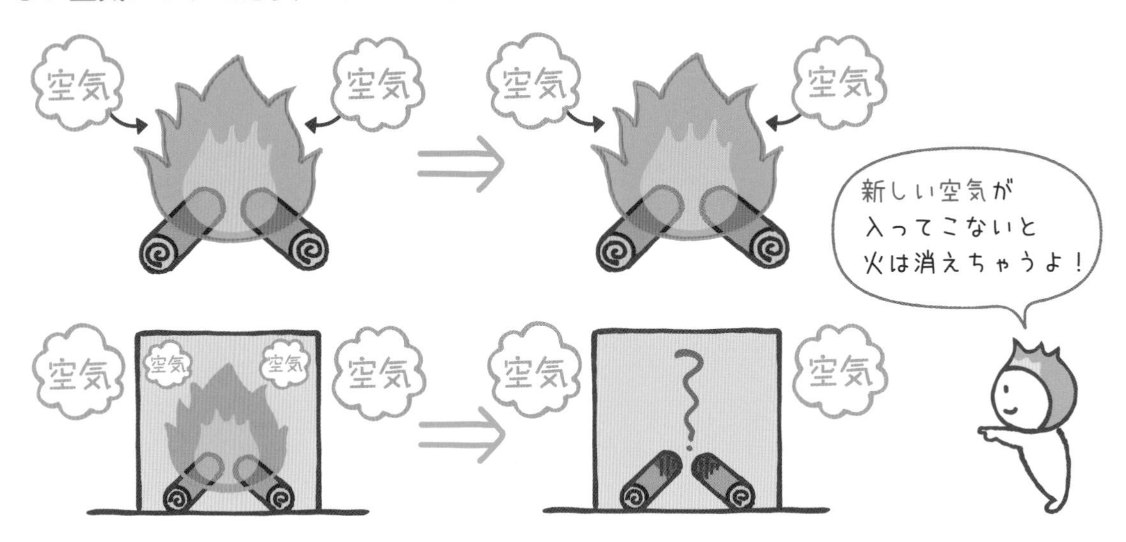

基本練習

答えは別冊３ページ

1 次の問いに答えましょう。

(1)　ものが燃えるための条件は，３つあります。燃えるもの，空気ともう１つは何ですか。

〔　　　　　　　〕

(2)　ものが燃えるための３つの条件が１つ欠けている場合，ものは燃えますか，燃えませんか。

〔　　　　　　　〕

(3)　ものが燃え続けるためには，どんな空気にふれる必要がありますか。

〔　　　　　　　〕

2 底のないびんの中でろうそくを燃やします。ろうそくが燃え続けるものには〇，火が消えるものには×をつけましょう。

①

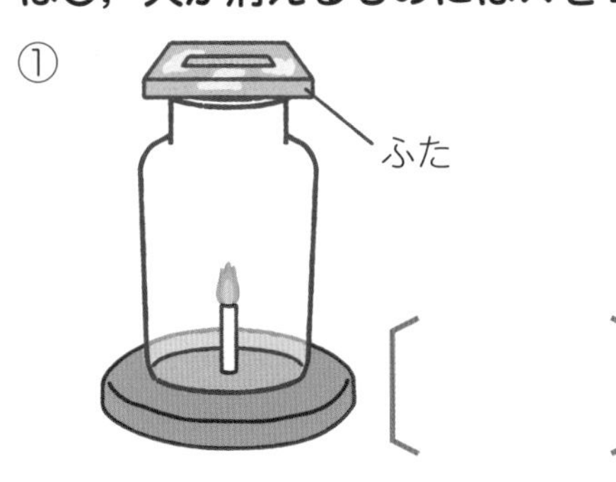

〔　　　〕

②

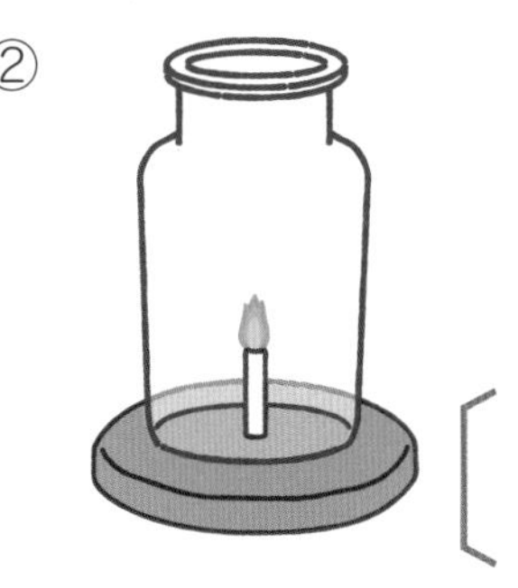

〔　　　〕

③

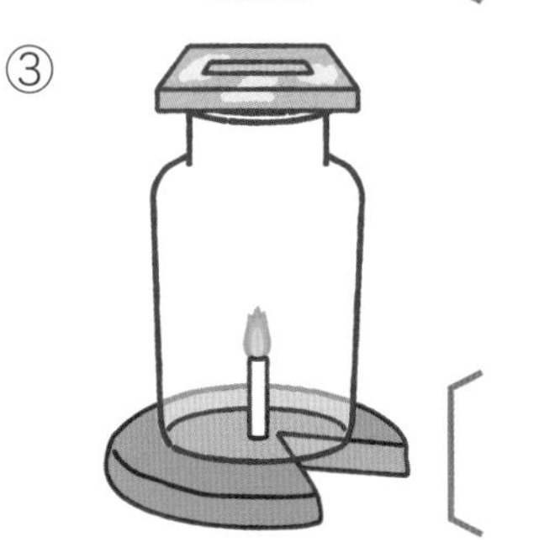

〔　　　〕

④

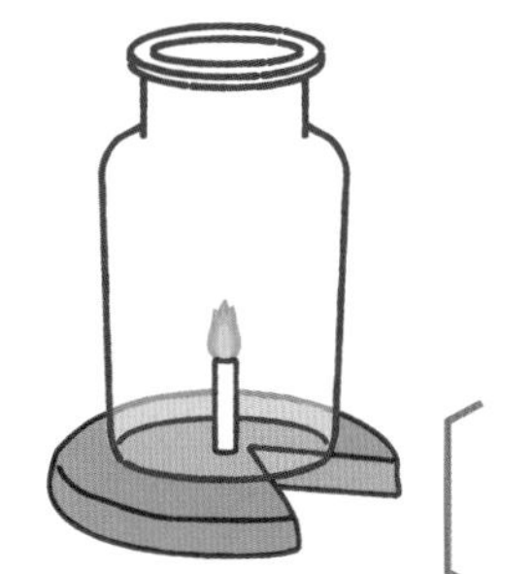

〔　　　〕

できなかった問題は，復習しよう。

学習日 月 日

02 空気は何からできているの？

★空気はおもに，ちっ素と酸素からできている！

空気は，何種類もの気体が混じりあったもので，約 78%が**ちっ素**，約 21%が**酸素**です。二酸化炭素やそのほか気体もふくまれていますが，わずか 1%です。

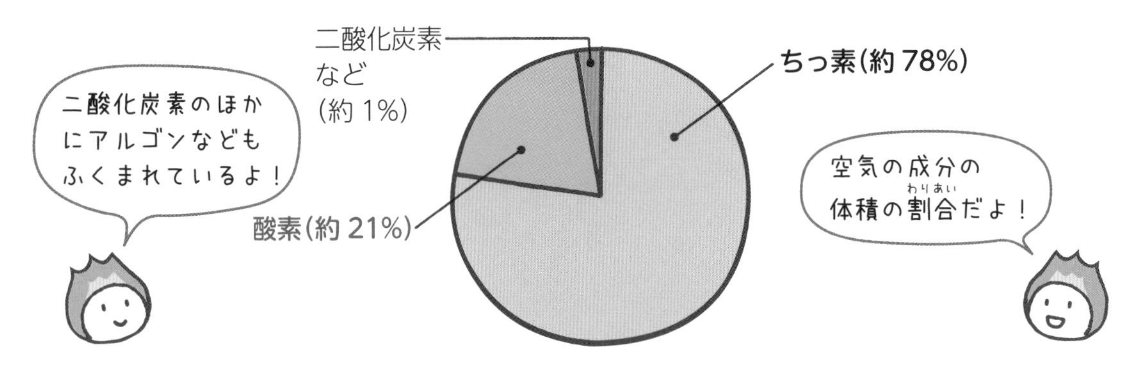

★ものを燃やすはたらきがあるのは酸素！

空気の成分のうち，ものを燃やすはたらきがあるのは**酸素**です。酸素の中では，ものが空気の中より激しく燃えます。ちっ素や二酸化炭素の中では，ものは燃えません。

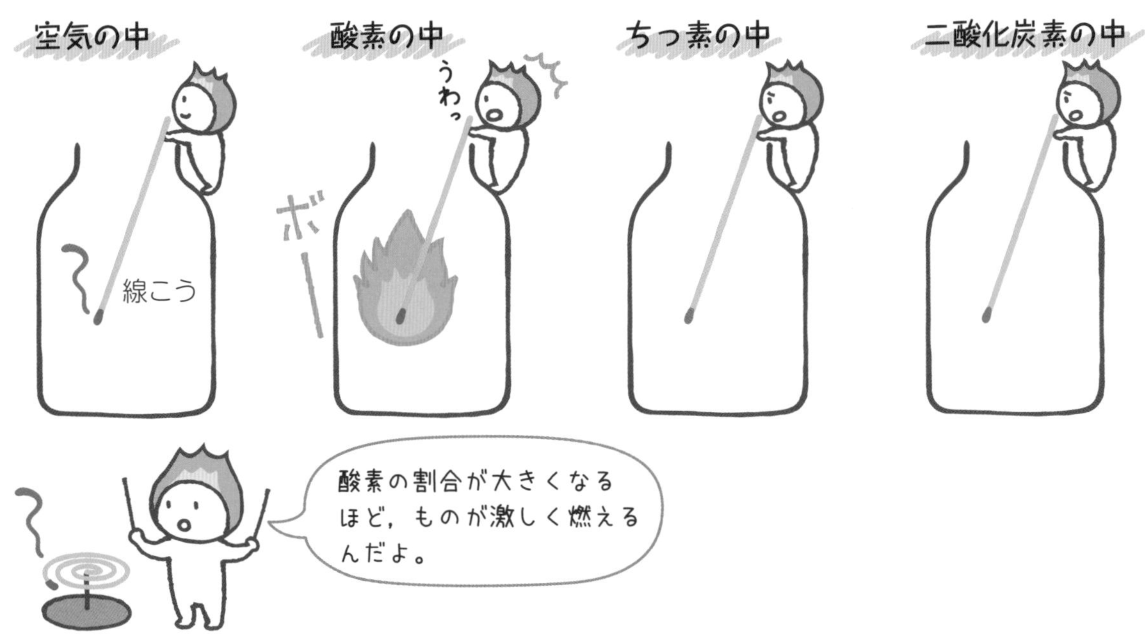

基本練習

答えは別冊3ページ

1 次の問いに答えましょう。

(1) 空気にもっとも多くふくまれている気体は何ですか。

(2) 空気の成分のうち，体積で約 21％をしめる気体は何ですか。

(3) 空気の成分のうち，ものを燃やすはたらきがある気体は何ですか。

2 ちっ素，酸素，二酸化炭素を入れたびんに，火がついたろうそくを入れます。空気中より激しく燃えるものには○，空気中と同じように燃えるものには△，火が消えるものには×をつけましょう。

①

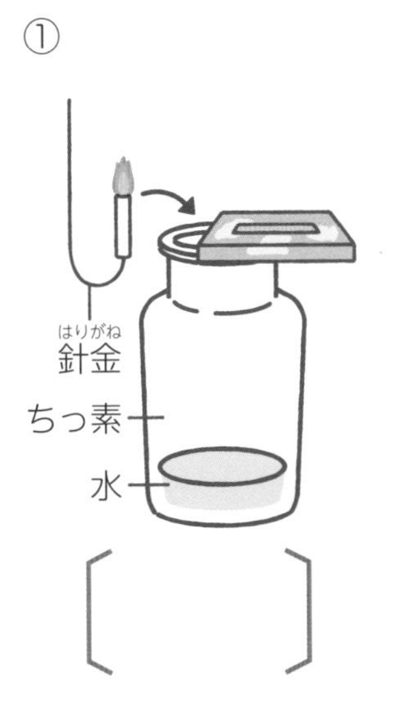

②

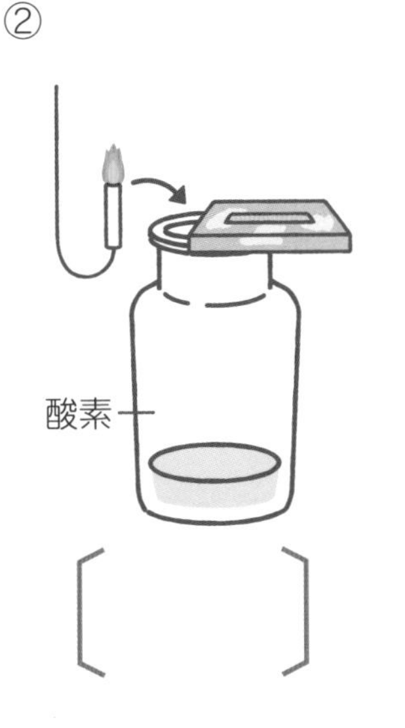

③

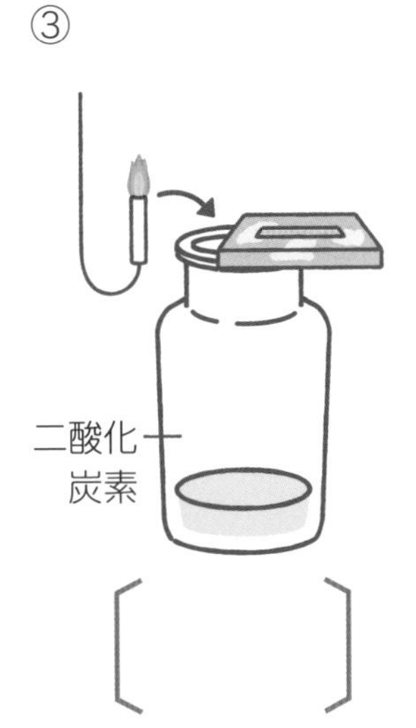

できなかった問題は，復習しよう。

03 ものが燃えたら空気は変化するの?

★木やろうが燃えると，酸素が減り，二酸化炭素が増える!

木やろうなどが燃えると，空気中の**酸素**の一部が使われて，**二酸化炭素**が発生します。酸素の量が少なくなると，火が消えます。

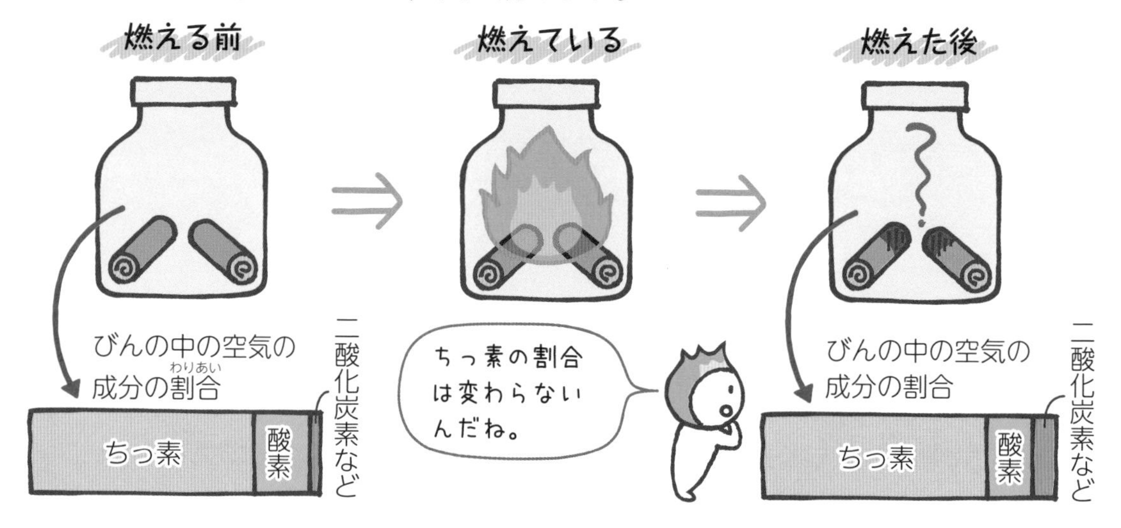

★二酸化炭素は，石灰水を白くにごらせる!

石灰水を使うと，気体中に二酸化炭素が多くふくまれているかどうかを調べることができます。石灰水には，二酸化炭素にふれると白くにごる性質があります。

基本練習

答えは別冊3ページ

1 次の問いに答えましょう。

(1) 木やろうが燃えるときに使われる気体は何ですか。

〔　　　　　　　　〕

(2) 木やろうが燃えるときに発生する気体は何ですか。

〔　　　　　　　　〕

(3) 空気中で木やろうを燃やしたとき，ちっ素の量はどうなりますか。

〔　　　　　　　　〕

(4) 石灰水は，二酸化炭素にふれるとどうなりますか。

〔　　　　　　　　〕

2 右の図は，ものが燃える前後の空気の成分の割合を表しています。

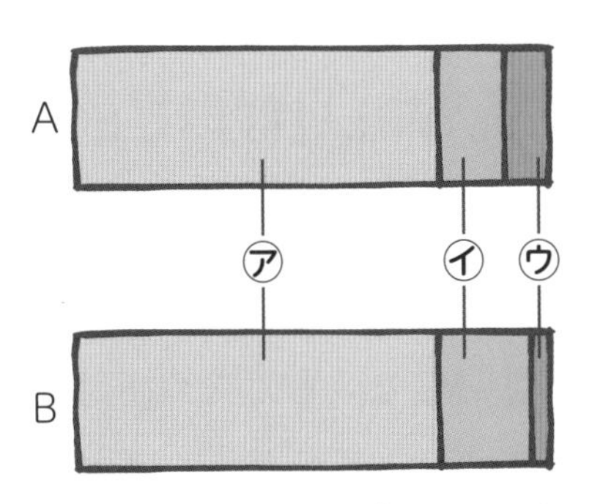

(1) 酸素は，㋐，㋑，㋒のどれですか。

(2) 燃えた後の空気の成分の割合を表しているのは，A，Bのどちらですか。

〔　　　　　　　　〕

できなかった問題は，復習しよう。

学習日　　月　　日

04 ものが燃えた後には何が残るの？

★空気が十分にあると，炭や灰(はい)が残る。

木を空気中で熱すると，ほのおを出して燃え，黒っぽい色の**炭**ができます。炭は赤くなって燃え，白っぽい色の**灰**が残ります。

木は，「黒→赤→白」と色を変えて燃えていくんだね。

ほのおを出して木が燃える。　燃えた部分は黒くなり，赤くなって，やがて白くなる。

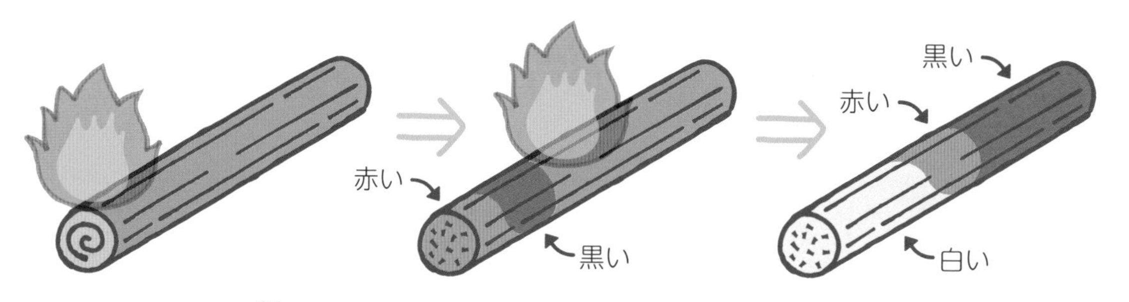

木は，熱せられると木(もく)ガスという気体を出す。木ガスが燃えるときに，ほのおが出る。

木ガスが出た後の木は，黒っぽい炭になっている。

炭は，ほのおを出さずに赤くなって燃え，あとには白っぽい灰が残る。

★空気がたりないと，炭が残る！

空気がないところで木を熱したときも木ガスが出て，木は炭になります。しかし，空気がないので，木ガスや炭は燃えることができません。そのため，あとには**炭**が残ります。

空気が十分にある

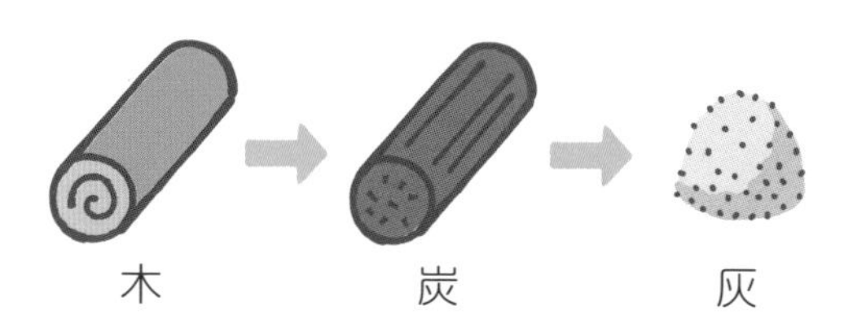

空気が十分にない

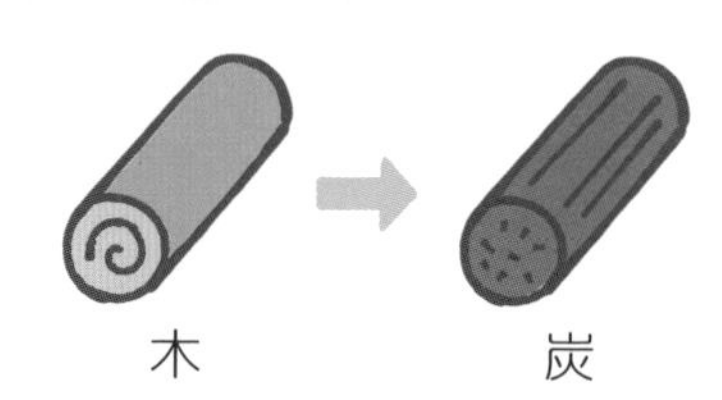

基本練習

➡ 答えは別冊３ページ

1 次の問いに答えましょう。

⑴　木が燃えた後に，黒いものが残りました。この黒いものを何といいますか。

〔　　　　　　　　〕

⑵　木が燃えた後に，白いものが残りました。この白いものを何といいますか。

〔　　　　　　　　〕

⑶　空気がないところで木を熱すると，炭と灰のどちらが残りますか。

〔　　　　　　　　〕

2 木や炭を燃やします。

⑴　右の写真のように，木はほのおを出して燃えますが，炭はほのおを出さずに燃えます。木が燃えるときにほのおを出すのは，木を熱したときに出る何というガスが燃えるからですか。

木

炭

〔　　　　　　　　〕

⑵　炭をつくるために，右の図のように，アルミニウムはくで木を包んで熱しました。アルミニウムはくで包んだのは，木が何にふれないようにするためですか。

〔　　　　　　　　〕

できなかった問題は，復習しよう。

復習テスト 1

1章 ものの燃え方と空気

1

次のA～Cのようにして，底のない集気びんの中でろうそくが燃え続けるかどうかを調べました。あとの問いに答えましょう。

【各10点　計30点】

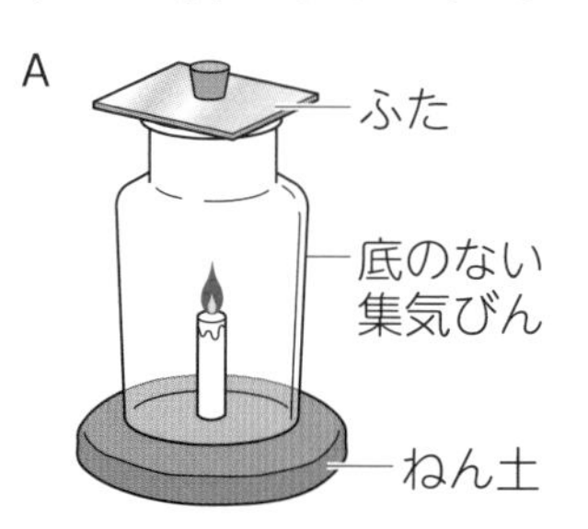

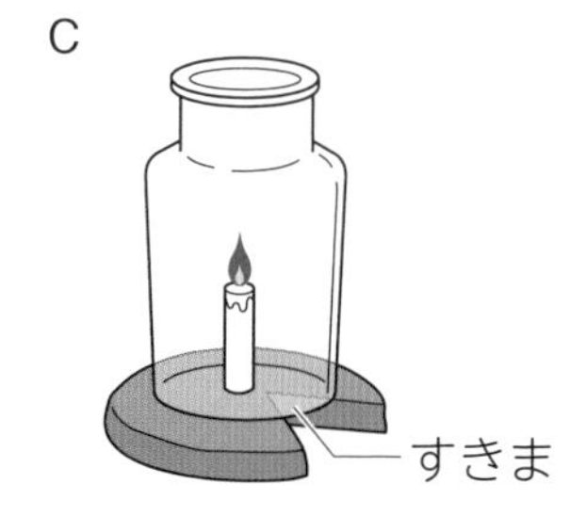

(1)　いちばん早くろうそくの火が消えたのは，A～Cのどれですか。記号で答えましょう。

〔　　　〕

(2)　Bのびんの口とCのびんのすきまに線こうのけむりを近づけると，けむりはどのようになりますか。次のア～ウから１つずつ選び，記号で答えましょう。

B〔　　　〕　C〔　　　〕

ア　びんの中に入ってたまった。

イ　びんの中に入り，同じところから出ていった。

ウ　びんの底のすきまから中に入り，上から出ていった。

2

図１は，ある気体を入れた集気びんの中に，火のついた線こうを入れたときのようすです。また，図２は，空気の成分の体積の割合（わりあい）を表しています。次の問いに答えましょう。

【各10点　計20点】

図１

©アフロ

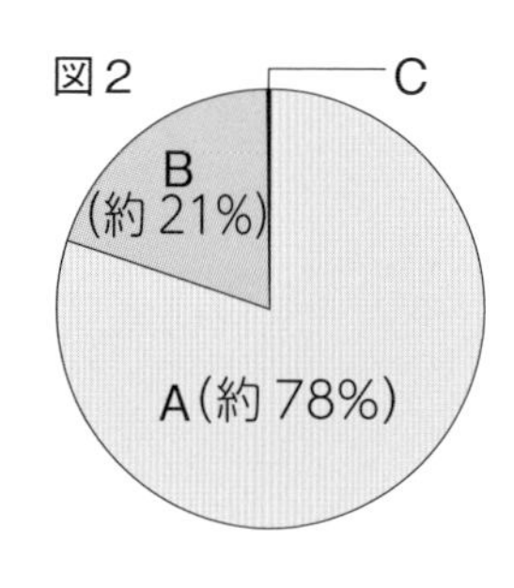

(1)　集気びんに入れた気体は何ですか。

〔　　　〕

(2)　(1)の気体を表しているのは，図２のA～Cのどれですか。記号で答えましょう。

〔　　　〕

➡ 答えは別冊14ページ

学習日	得点
月　　日	／100点

3

右の図のように，ろうそくを燃やす前と後の空気が入った集気びんに，石灰水（せっかいすい）を入れてよくふりました。次の問いに答えましょう。　【各10点　計20点】

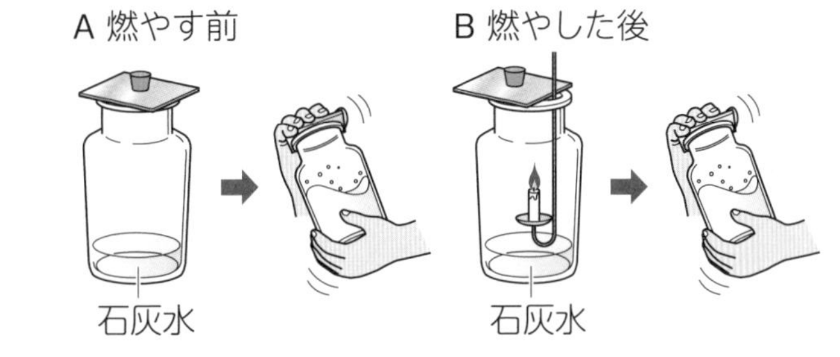

(1) 石灰水はどのようになりましたか。次のア～エから選び，記号で答えましょう。　〔　　　〕

ア　AもBも白くにごった。

イ　Aは白くにごったが，Bは変化しなかった。

ウ　Aは変化しなかったが，Bは白くにごった。

エ　AもBも変化しなかった。

(2) (1)から，ろうそくが燃えると，何という気体が発生することがわかりますか。

〔　　　　　〕

4

炭を燃やしてバーベキューをします。次の問いに答えましょう。

【各10点　計30点】

(1) 炭はどのように燃えますか。次のア，イから選び，記号で答えましょう。

ア　ほのおを出して燃える。　〔　　　〕

イ　ほのおを出さずに燃える。

(2) 炭をよく燃やすには，右のA，Bのどちらのように置けばよいですか。記号で答えましょう。　〔　　　〕

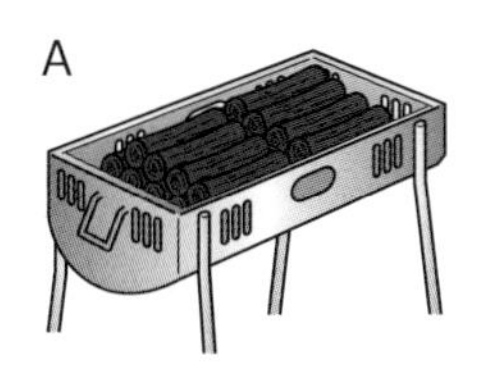

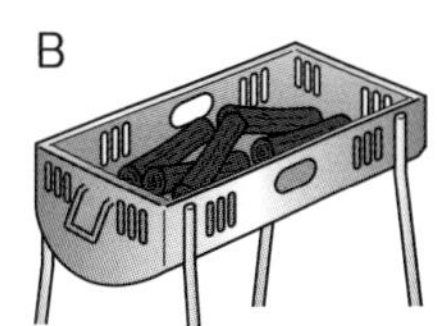

(3) (2)のように置くと炭がよく燃えるのはなぜですか。

〔　　　　　　　　　　　　　　　　　〕

05 吸った空気はどこにいくの？

★人が吸(す)った空気は，肺(はい)にいく！

人が鼻や口から吸った空気は，**気管**を通って**肺**にいき，逆の順で鼻や口までもどってきて，はき出されます。人が吸う空気とはく空気では，成分がちがいます。

吸った空気のゆくえ

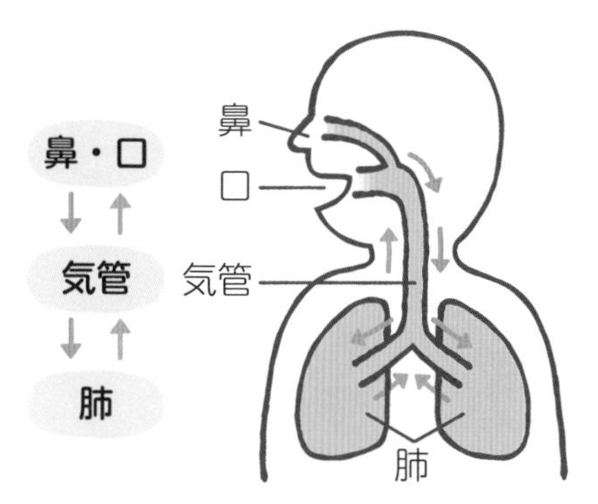

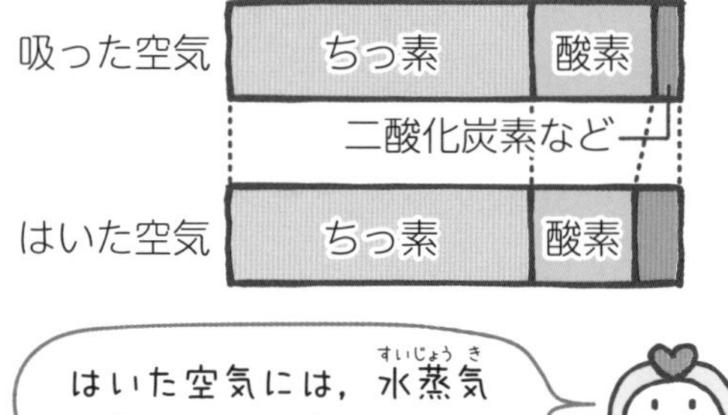

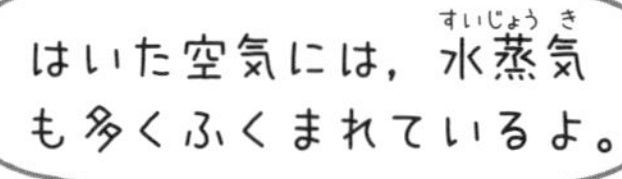

★人は肺で呼吸(こきゅう)している！

肺では，空気中から**酸素**の一部を体の中にとり入れ，体の中でいらなくなった**二酸化炭素や水（水蒸気）**をはき出しています。このように，酸素を体の中にとり入れて二酸化炭素を出すはたらきを，**呼吸**といいます。

基本練習

答えは別冊4ページ

1 次の問いに答えましょう。

(1) 人が鼻や口から吸った空気は，気管を通ってどこにいきますか。

［　　　　　　　］

(2) 吸った空気と比べて，はいた空気のほうに多くふくまれているのは，酸素と二酸化炭素のどちらですか。

［　　　　　　　］

(3) 酸素を体の中にとり入れて，二酸化炭素を出すはたらきを何といいますか。

［　　　　　　　］

2 右の図は，人の体の呼吸に関係するつくりを表しています。

(1) ㋐, ㋑のつくりをそれぞれ何といいますか。

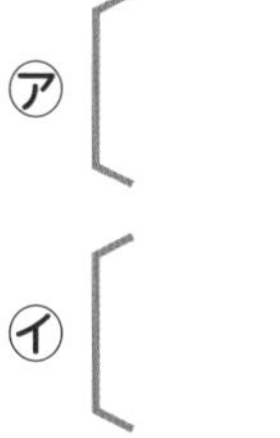

㋐［　　　　　　　］

㋑［　　　　　　　］

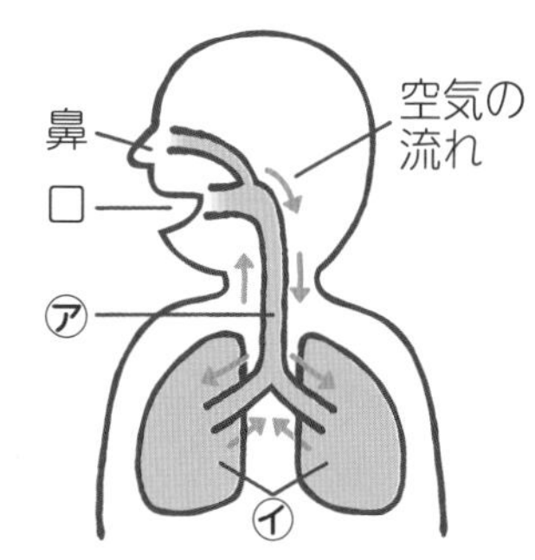

(2) ㋑で，①体の中にとり入れられる気体と，②体の中から空気中に出される気体を，□からそれぞれ選びましょう。

酸素	ちっ素	二酸化炭素

①［　　　　　　　］　②［　　　　　　　］

できなかった問題は，復習しよう。

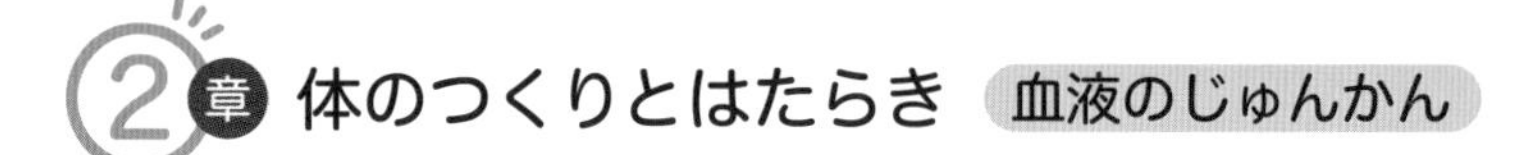

学習日 月 日

06 どうして胸がどきどきするの？

★それは恋…ではなく心臓のはたらき！

人は，**血液**が流れなくなると死んでしまいます。その血液を送り出すポンプのようなはたらきをするのが**心臓**です。心臓は筋肉でできていて，縮んだりゆるんだりして血液を送り出しています。このような心臓の動きを**はく動**といいます。

★血液は酸素や二酸化炭素の運び手！

血液は心臓から送り出され，肺や全身を通って，また心臓にもどってきます。血液には，次のような重要な役割があります。

①肺でとり入れた酸素を全身に運ぶ。

②体内でできた二酸化炭素を肺に運ぶ。

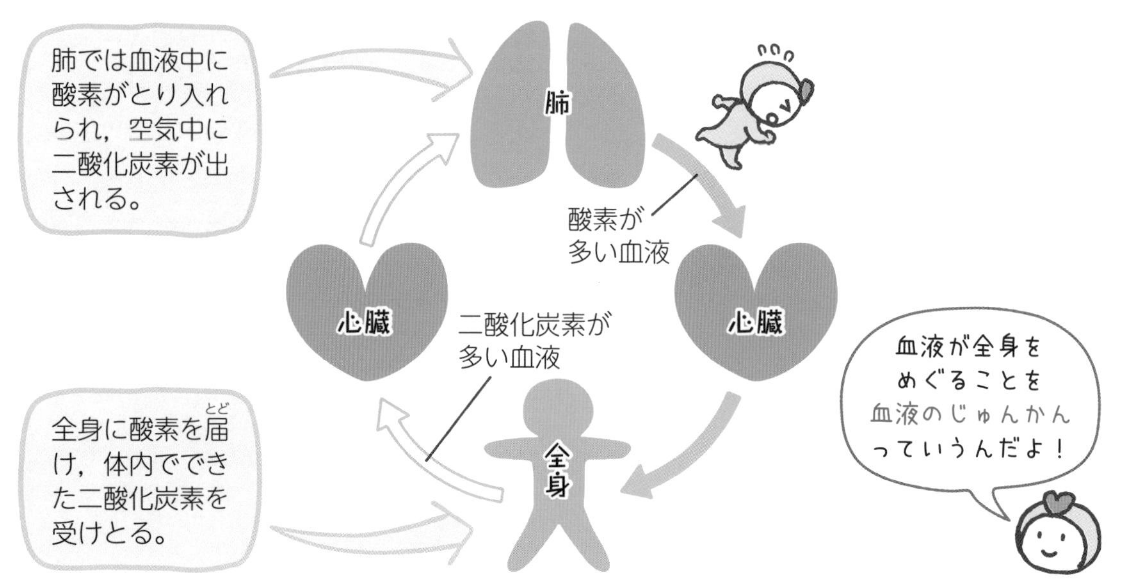

基本練習

答えは別冊４ページ

1 次の問いに答えましょう。

(1) 全身に血液を送り出すポンプのようなはたらきをするつくりは何ですか。

［　　　　　　　　］

(2) 縮んだりゆるんだりする心臓の動きを何といいますか。

［　　　　　　　　］

(3) 血液は，肺でとり入れた何を全身に運んでいますか。

［　　　　　　　　］

(4) 血液は，体内でできた何を肺に運んでいますか。

［　　　　　　　　］

2 右の図は，体内を血液がめぐるようすを表しています。

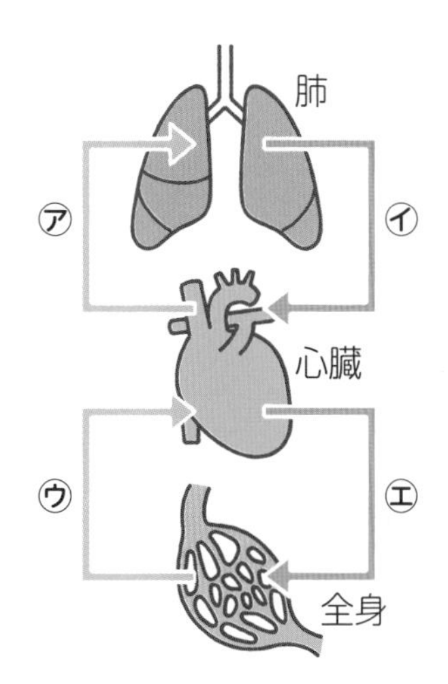

(1) 血液が全身をめぐることを何といいますか。

［　　　　　　　　］

(2) 酸素が多い血液の流れを表しているものを，㋐〜㋓からすべて選びましょう。

［　　　　　　　　］

できなかった問題は，復習しよう。

07 ご飯をかむとあまくなるのはなぜ？

★ご飯はだ液のはたらきであまくなる!

ご飯にふくまれている**でんぷん**は，**だ液**のはたらきで別のもの（麦芽糖(ばくがとう)など）に変化するため，あまく感じます。麦芽糖は水あめの主成分です。

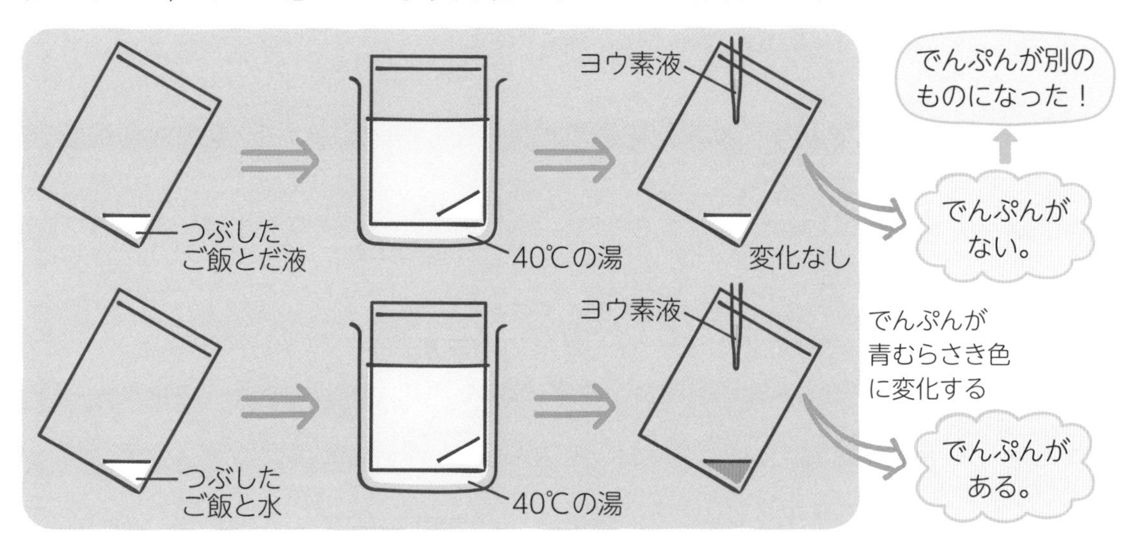

★食べたものは消化(しょうか)されて細かくなる!

食べたものは，口→食道(しょくどう)→胃(い)→小腸(しょうちょう)→大腸(だいちょう)→こう門(もん)と続く**消化管(しょうかかん)**を通る間に細かくなり，体の中にとり入れられやすいものに変化します。このようなはたらきを**消化**といいます。だ液のように，消化に関わるはたらきをする液は，**消化液(しょうかえき)**とよばれます。

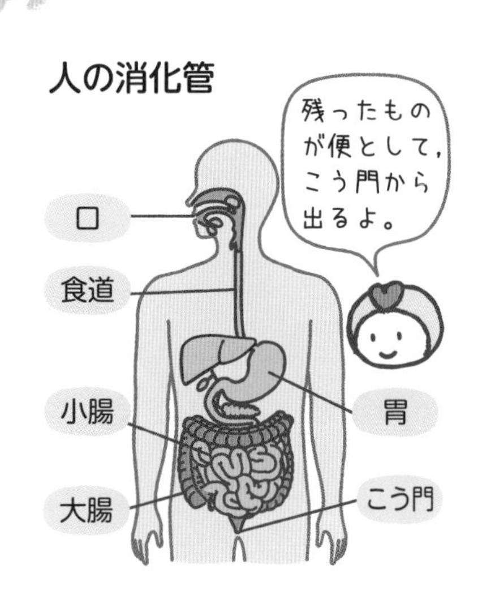

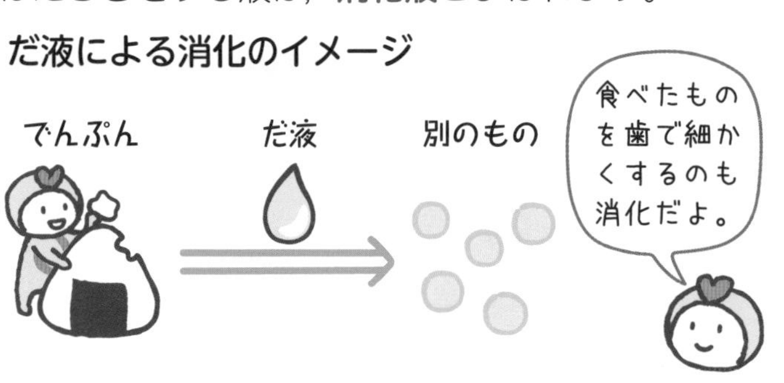

基本練習

答えは別冊４ページ

1 次の問いに答えましょう。

⑴　ヨウ素液を使うと，何があるかどうかを調べることができますか。

［　　　　　　］

⑵　口からこう門まで続く，食べたものの通り道を何といいますか。

［　　　　　　］

⑶　食べたものを，体の中にとり入れやすいものに変えるはたらきを何といいますか。

［　　　　　　］

⑷　だ液のように，消化に関わるはたらきをする液を何といいますか。

［　　　　　　］

2 右の図は，人の消化管を表しています。㋐～㋒のつくりをそれぞれ何といいますか。

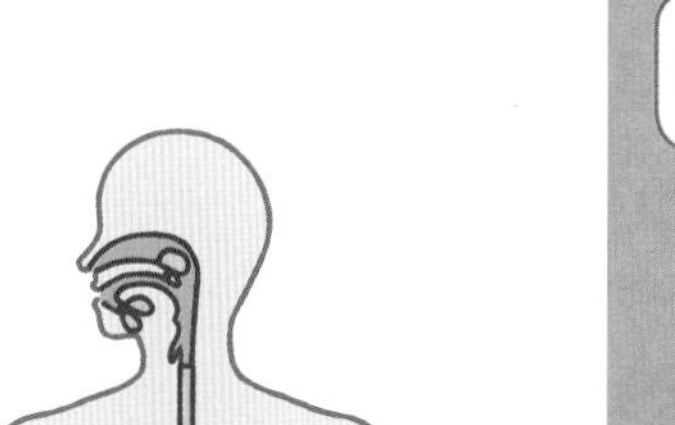

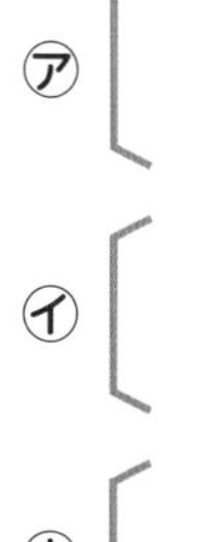

㋐［　　　　　　］

㋑［　　　　　　］

㋒［　　　　　　］

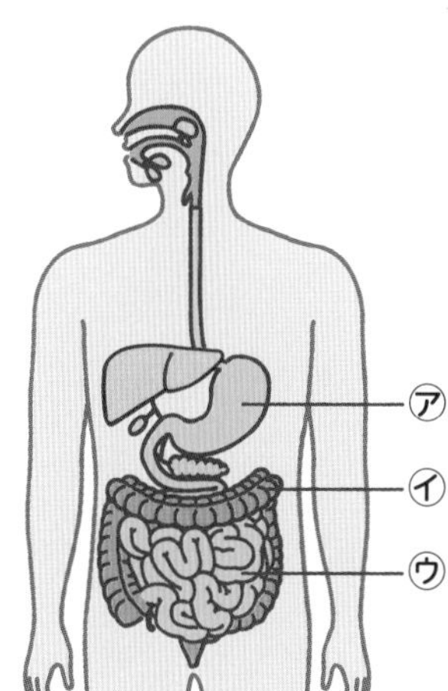

できなかった問題は，復習しよう。

08 食べたものは，消化された後どうなるの？

★消化によってできた養分は，小腸で吸収されて全身へ！

食べたものにふくまれていた養分は，水分といっしょに**小腸**で吸収されます。吸収された養分は，血管の中を流れる血液によっていったん**かん臓**に送られた後，全身に運ばれます。

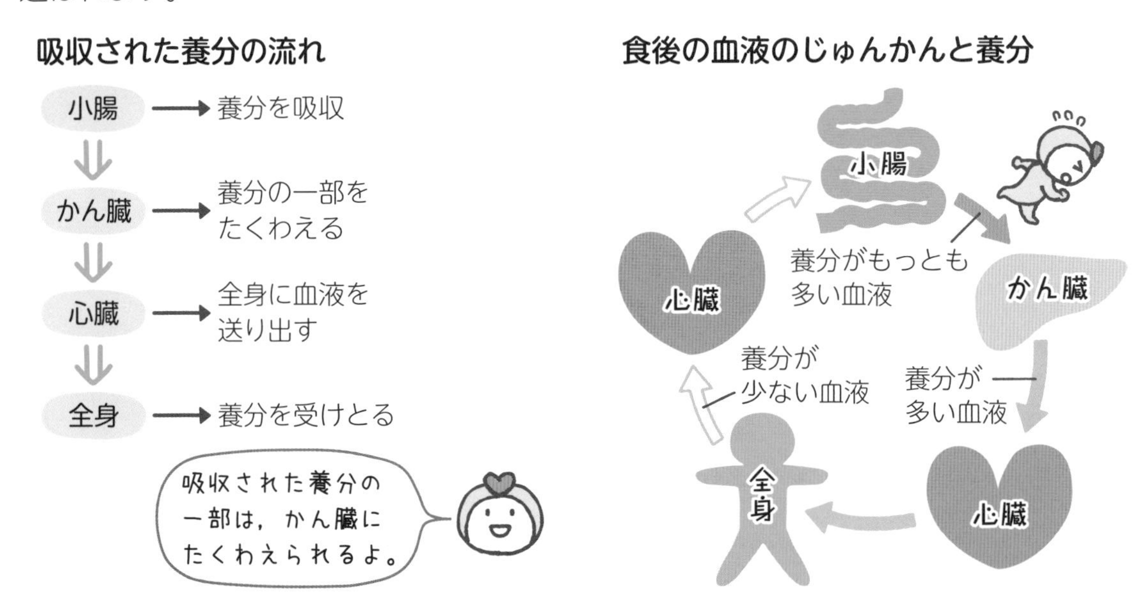

★血液は不要なものも運んでいる！

血液は，酸素や二酸化炭素，養分のほかに，全身でできた不要なものも運んでいます。不要なものは**じん臓**で余分な水分とともにこし出され，**にょう**となって体の外に出されます。

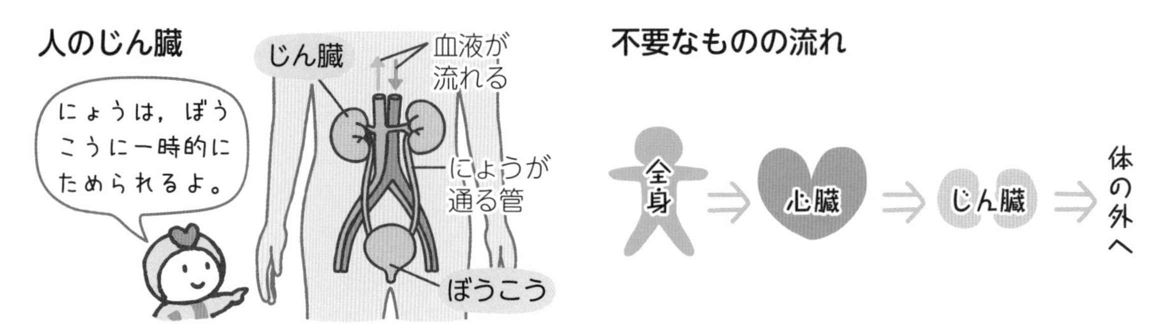

基本練習

答えは別冊4ページ

1 次の問いに答えましょう。

(1) 食べたものにふくまれていた養分は，何というつくりで吸収されますか。

〔　　　　　〕

(2) 吸収された養分の一部は，何というつくりにたくわえられますか。

〔　　　　　〕

(3) 全身でできた不要なものは，じん臓でこし出された後，何となって体の外に出されますか。

〔　　　　　〕

2 右の図は，人の消化や吸収に関するつくりを表しています。

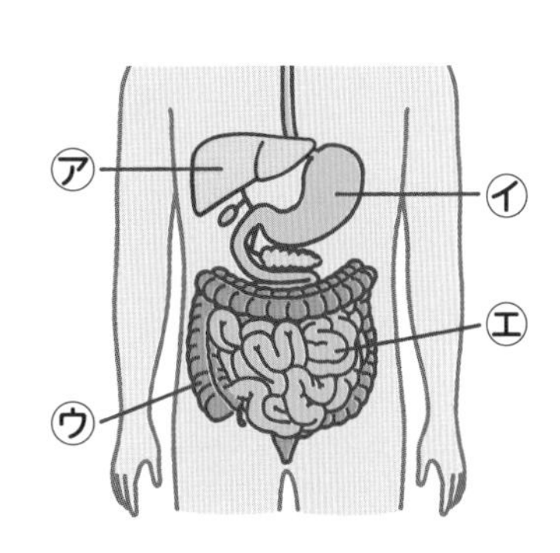

(1) 食べたものにふくまれていた養分を吸収するつくりを，図のア〜エから選びましょう。

〔　　　　　〕

(2) 吸収された養分は，何によって全身に運ばれますか。

〔　　　　　〕

(3) 吸収された養分が全身で使われた後にできる不要なものは，何というつくりで血液からこし出されますか。

〔　　　　　〕

できなかった問題は，復習しよう。

学習日　　月　　日

09 体の中にはどんな臓器があるの？

★肺，心臓，胃，かん臓，…。いっぱいあるよ！

呼吸を行う肺や，血液を送り出す心臓，消化に関わる胃やかん臓などのことを，臓器といいます。臓器は，それぞれ人が生きるために必要なはたらきをしています。

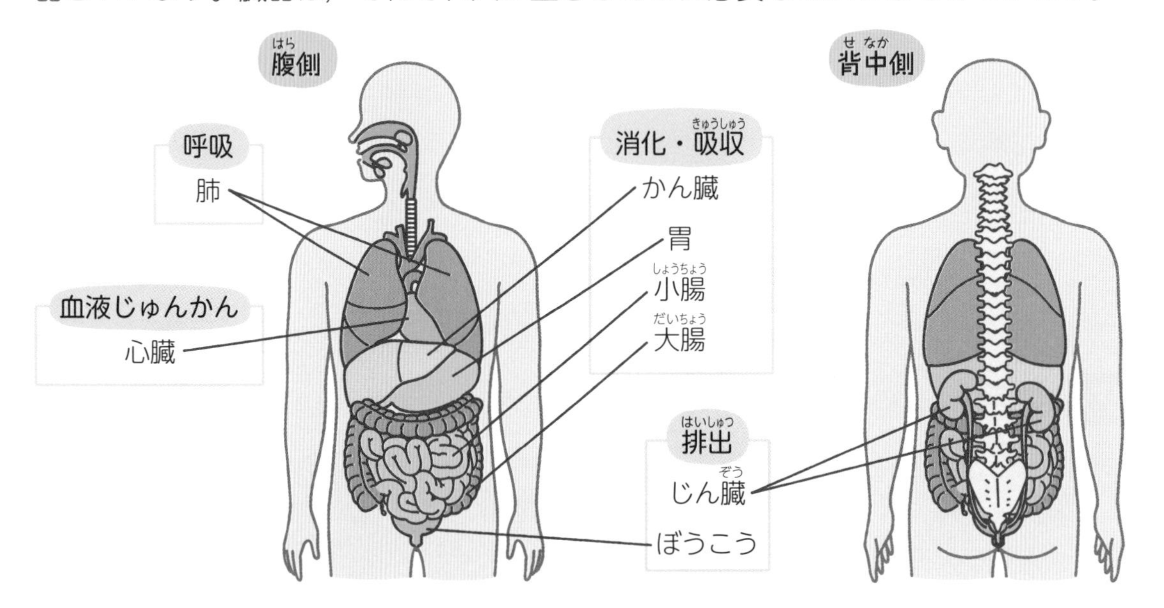

★臓器は血液でつながっている！

体の中にある臓器は，血液を通してたがいにつながっています。酸素や二酸化炭素，養分，不要なものに着目して，つながりを見てみましょう。

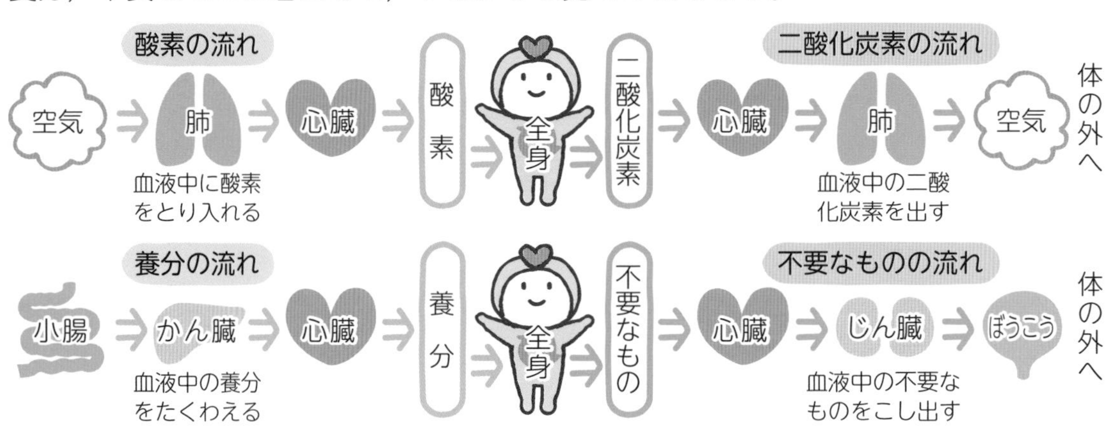

基本練習

答えは別冊5ページ

1 次の問いに答えましょう。

(1) 体の中にある臓器は，何を通してたがいにつながっていますか。

〔　　　　　　　　〕

(2) 血液中の二酸化炭素を，空気中の酸素と交かんするはたらきをする臓器は何ですか。

〔　　　　　　　　〕

2 右の図は，人の体の中で，生きるために必要なはたらきをするつくりを表しています。

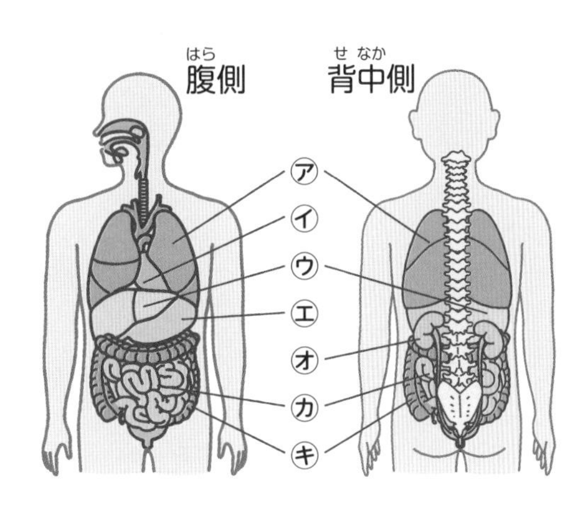

(1) 人の体の中で，生きるために必要なはたらきをするつくりを何といいますか。

〔　　　　　　　　〕

(2) 次の①，②のはたらきをするつくりを図のア～キからそれぞれ選び，名前も答えましょう。

① 吸収した養分の一部をたくわえる。

記号〔　　　　〕 名前〔　　　　　　　　〕

② 血液を全身に送り出す。

記号〔　　　　〕 名前〔　　　　　　　　〕

できなかった問題は，復習しよう。

復習テスト 2

体のつくりとはたらき

1

右の図のように，ポリエチレンのふくろにまわりの空気とはき出した息を入れ，ふくろの中の酸素と二酸化炭素の割合を気体検知管で調べました。表はその結果です。次の問いに答えましょう。

【各10点　計20点】

	酸素	二酸化炭素
㋐	17％	4％
㋑	21％	0.04％

⑴　はき出した息を調べた結果は，㋐，㋑のどちらですか。　［　　　　］

⑵　表のように酸素や二酸化炭素の割合が変化するのは，人が何というはたらきを行うからですか。　［　　　　　　］

2

うすいでんぷん液を使って，右の図のような実験をしました。次の問いに答えましょう。【⑵各５点　ほかは各10点　計30点】

⑴　A，Bの試験管をあたためる湯の温度は，どれくらいにしますか。次のア～ウから選び，記号で答えましょう。　［　　　　］

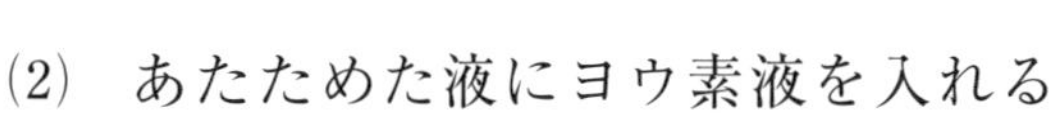

ア　40℃　　イ　60℃　　ウ　80℃

⑵　あたためた液にヨウ素液を入れると，A，Bの液の色はそれぞれどうなりますか。

A［　　　　　　　　　　］

B［　　　　　　　　　　］

⑶　⑵から，だ液にはどんなはたらきがあるといえますか。

［　　　　　　　　　　　　　　　　　　］

答えは別冊14ページ

学習日	得点
月　日	／100点

3

右の図は，消化や吸収に関係するつくりを表しています。次の問いに答えましょう。【(2)10点　ほかは各5点　計20点】

(1) だ液のように，食べたものを体に吸収されやすいものに変えるはたらきをする液を何といいますか。

〔　　　　　　　　〕

(2) とり入れた食べものが便としてこう門から出るまでに通るつくりを，㋐～㋔のうち必要な記号を使って正しい順番に並べましょう。

〔 口→　　　　　　　　　　　　→こう門 〕

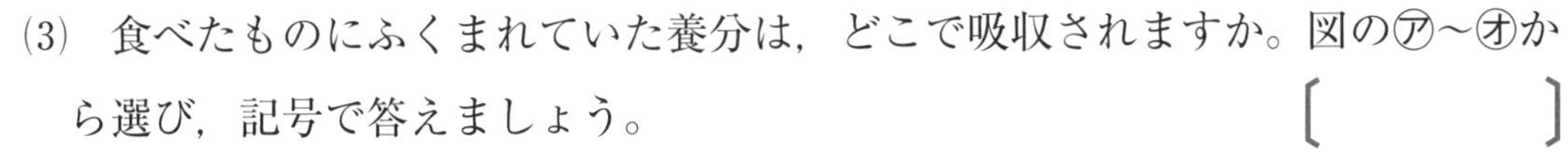

(3) 食べたものにふくまれていた養分は，どこで吸収されますか。図の㋐～㋔から選び，記号で答えましょう。

〔　　　〕

4

右の図は，血液が体の中を流れるようすを表しています。次の問いに答えましょう。【各10点　計30点】

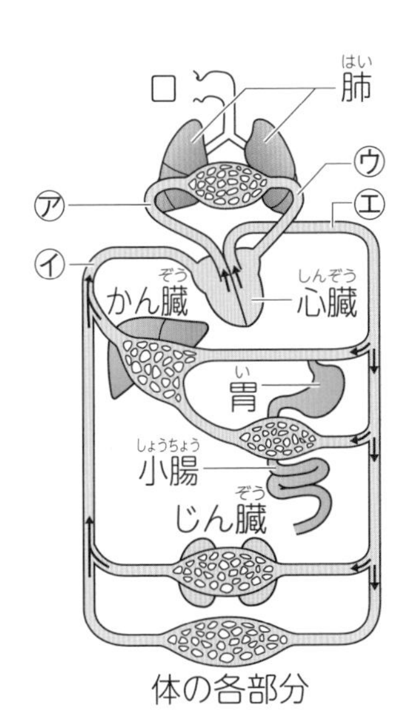

(1) 二酸化炭素を多くふくむ血液が流れる血管を，㋐～㋓から2つ選び，記号で答えましょう。

〔　　　・　　　〕

(2) 血液中の不要なものは，何という臓器でこし出されますか。図の中から選んで答えましょう。

〔　　　　　　〕

(3) 激しい運動をすると，心臓がはく動する回数が多くなります。この理由を，「酸素」，「養分」という言葉を使って説明しましょう。

〔　　　　　　　　　　　　　　　　　　〕

学習日　　月　　日

10 日なたの植物が元気なのはなぜ?

★葉に日光が当たると，養分ができる!

植物の葉に日光が当たると，**養分**がつくられます。植物はこの養分を使って成長するので，日なたの植物はよく成長し，じょうぶに育ちます。なお，つくられた養分の一部は，実や種子のほか，根やくきにたくわえられます。

日光と植物の成長

- くきが太い
- 緑色がこい

- くきが細い
- 緑色がうすい

養分がたくわえられるところ

実

カキ　バナナ

根

サツマイモ　ダイコン

種子

インゲンマメ　イネ

くき

ジャガイモ　レンコン

★葉に日光が当たると，でんぷんができる!

葉でつくられる養分は，おもに**でんぷん**です。**ヨウ素液**を使って調べると，日光に当てた葉にはでんぷんがあり，日光に当てなかった葉にはでんぷんがないことがわかります。

(夜)箱をかぶせる

(早朝)箱をとる

(昼)日光を十分に当てる

青むらさき色になる

→でんぷんがある

ヨウ素液で調べる

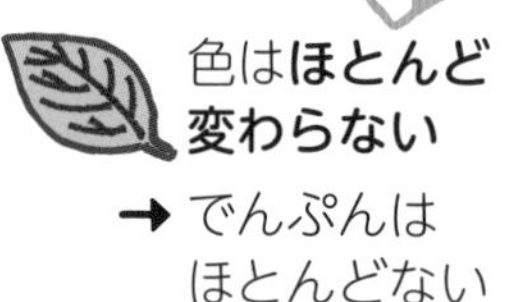

色は**ほとんど変わらない**

→でんぷんはほとんどない

葉のでんぷんをなくすよ!

(昼)箱をかぶせて日光を当てないまま

色は**ほとんど変わらない**

→でんぷんはほとんどない

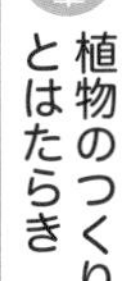

基本練習

答えは別冊5ページ

1 次の問いに答えましょう。

(1) 植物がじょうぶに育つのは，日なたと日かげのどちらですか。

［　　　　　　　　］

(2) 植物の葉に日光が当たると，何という養分がつくられますか。

［　　　　　　　　］

(3) 葉にでんぷんがあるかどうかは，何という薬品を使って調べますか。

［　　　　　　　　］

2 次の図のようにして，葉にでんぷんがあるかどうかを調べました。でんぷんができているものには○，できていないものには×をつけましょう。

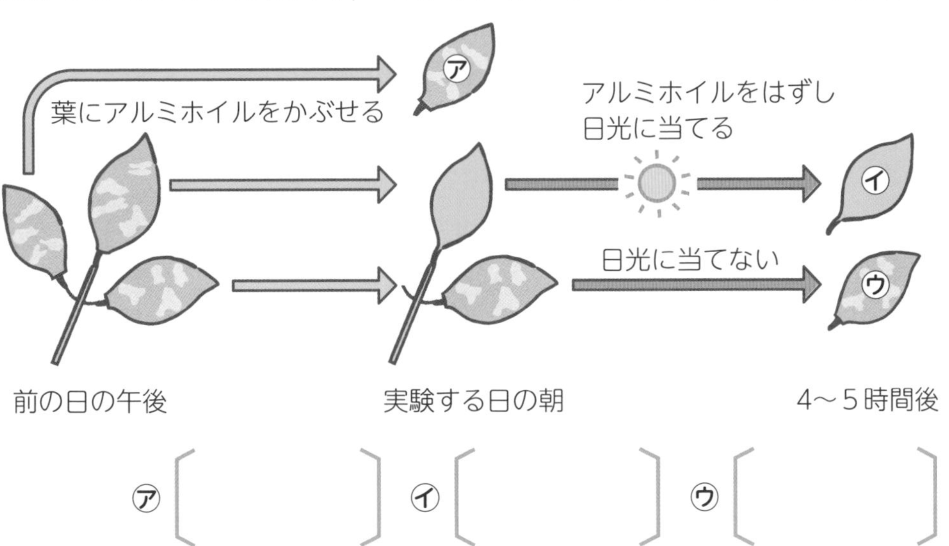

ア［　　　　］　イ［　　　　］　ウ［　　　　］

できなかった問題は，復習しよう。

学習日
月　日

11 植物にも血管のようなものがあるの？

★植物の体には，水の通り道がある！

植物の体には水を運ぶための管があり，根からくき，くきから葉へとつながっています。根からとり入れた水は，この管を通って根→くき→葉と，体のすみずみまで運ばれます。このように，植物の体には，**決まった水の通り道**があります。

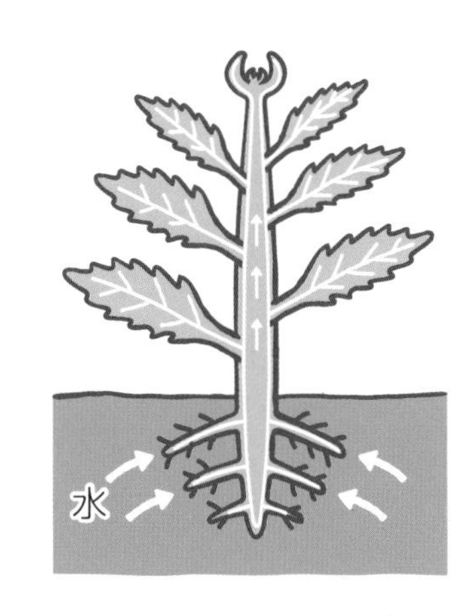

植物の根を色がついた水にひたしておくと，水が通ったところに色がつくよ！

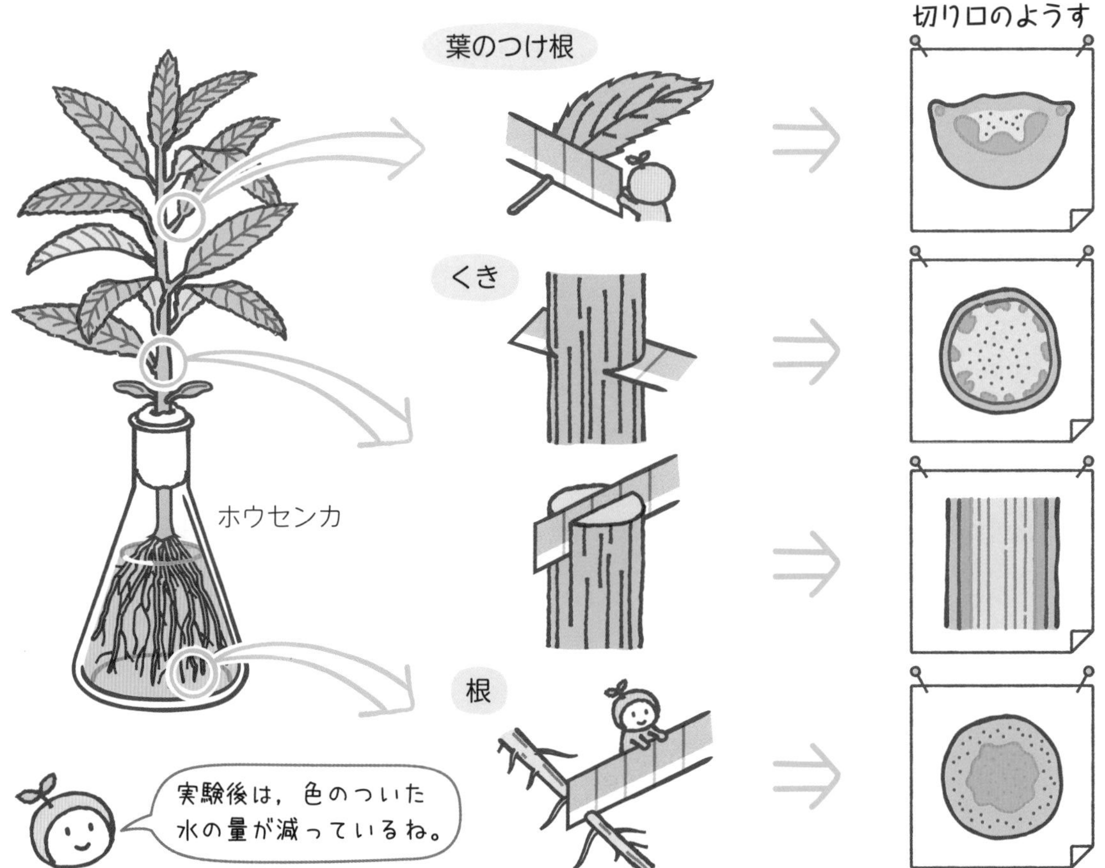

基本練習

答えは別冊５ページ

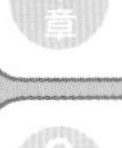

1 次の問いに答えましょう。

⑴　植物は，どこから水をとり入れますか。

〔　　　　　　〕

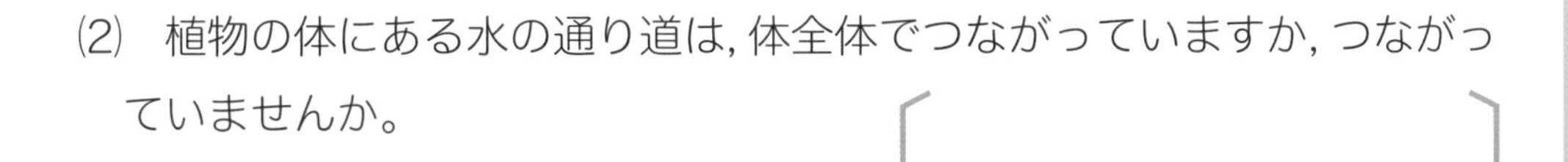

⑵　植物の体にある水の通り道は，体全体でつながっていますか，つながっていませんか。

〔　　　　　　〕

⑶　植物の体にある水の通り道は，決まっていますか，決まっていませんか。

〔　　　　　　〕

2 右の図のように，ホウセンカの根を色のついた水にひたし，しばらく置きました。

⑴　①葉のつけ根，②くきを横に切ったときの切り口のようすは，それぞれ㋐，㋑のどちらですか。

①　㋐

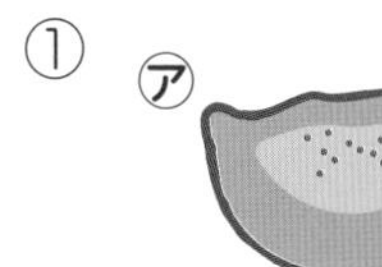

㋑

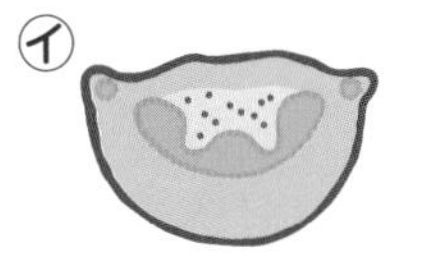

〔　　　〕

②　㋐

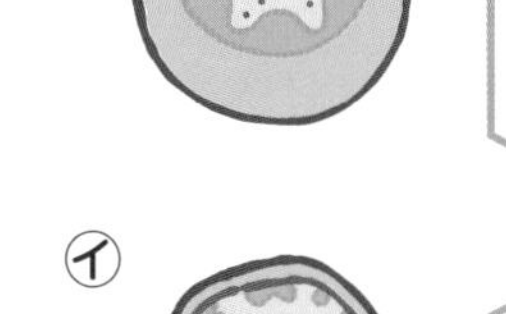

㋑

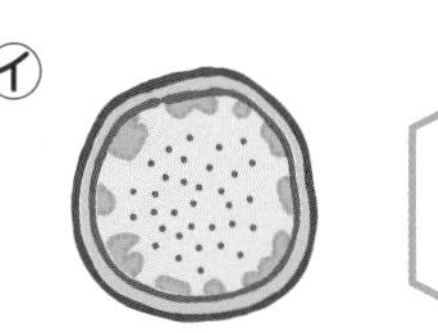

〔　　　〕

⑵　実験後，三角フラスコ内の水の量は，どうなっていますか。

〔　　　　　　〕

できなかった問題は，復習しよう。

12 葉に運ばれた水はどこへいくの？

★葉に運ばれた水は，空気中に出ていく！

葉に運ばれた水は，水蒸気（すいじょうき）となって空気中に出ていきます。このことを**蒸散**（じょうさん）といいます。蒸散は，おもに植物の葉で行われます。

葉がついたままのもの

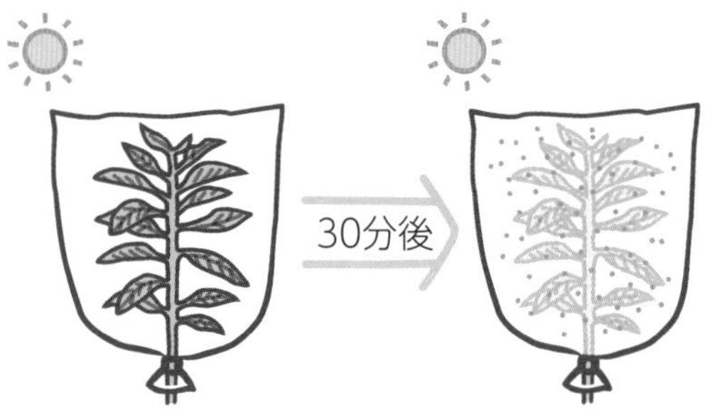

葉がついたままの植物にポリエチレンのふくろをかぶせる

水てきがついて中が見づらくなる

葉をとったもの

葉をすべてとった植物にふくろをかぶせる

ほとんど**水てきがつかない**

★葉の表面には，水蒸気が出ていく穴（あな）がある！

植物の葉の表面をけんび鏡で見ると，三日月（みかづき）みたいな形のものにはさまれた小さな穴がたくさんあります。この穴は**気（き）こう**とよばれ，ここから水蒸気が出ていきます。ほとんどの植物では，気こうは葉の裏側（うらがわ）に多くあります。

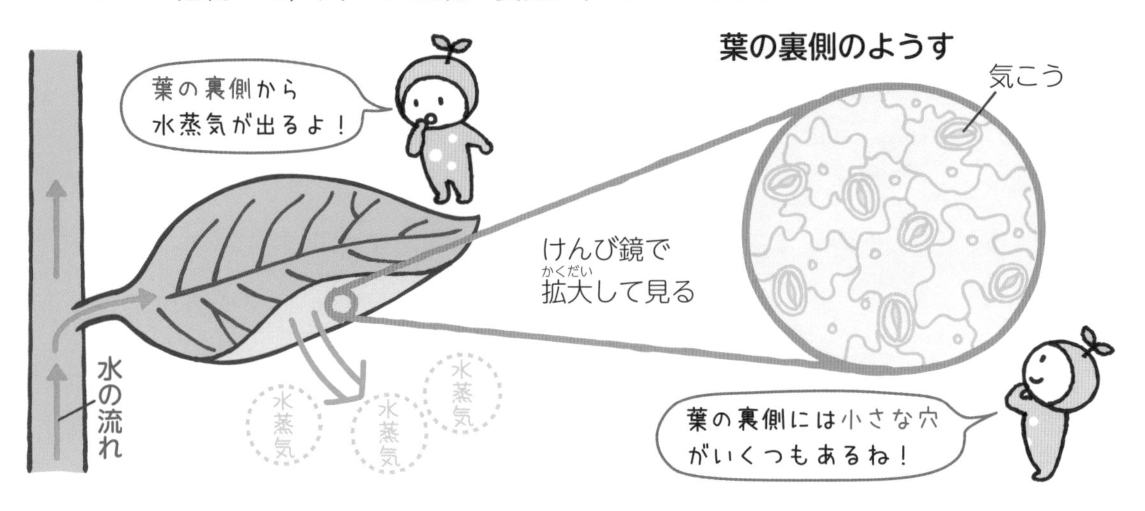

基本練習

答えは別冊5ページ

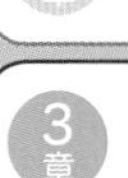

3章 植物のつくりとはたらき

1 次の問いに答えましょう。

⑴　葉に運ばれた水は，何というすがたになって空気中に出ていきますか。

〔　　　　　〕

⑵　蒸散は，おもに根・くき・葉のどこで行われますか。

〔　　　　　〕

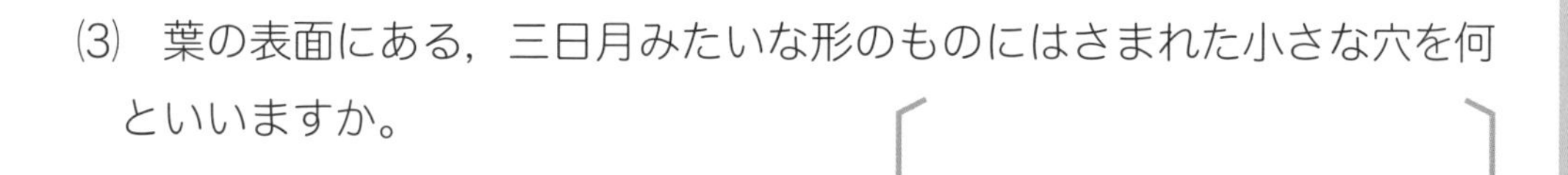

⑶　葉の表面にある，三日月みたいな形のものにはさまれた小さな穴を何といいますか。

〔　　　　　〕

⑷　⑶は，葉の表側と裏側のどちらに多くありますか。

〔　　　　　〕

2 右の図のように，ホウセンカにポリエチレンのふくろをかぶせ，日なたに30分間置いたところ，一方のふくろの内側が白くくもりました。

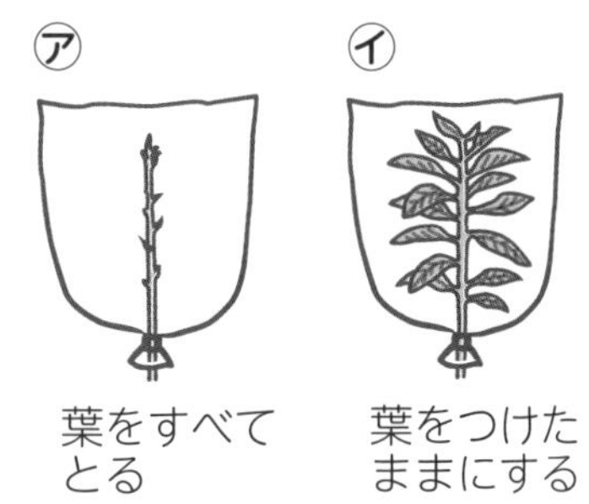

⑴　ふくろの内側が白くくもったのは，㋐，㋑のどちらですか。

〔　　　　　〕

⑵　ふくろの内側が白くくもったのは，植物が何を行ったからですか。

〔　　　　　〕

できなかった問題は，復習しよう。

復習テスト 3

3章 植物のつくりとはたらき

1

実験前日に，右の図のように，ジャガイモの葉にアルミニウムはくでおおいをして，ひと晩置きました。実験当日はよく晴れていたものとして，次の問いに答えましょう。

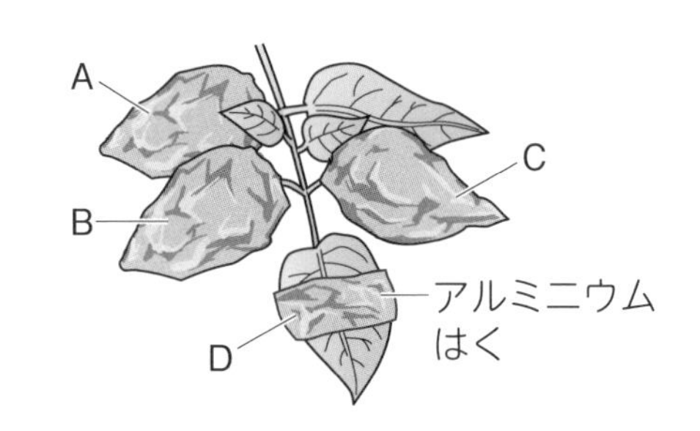

【(3)各5点　ほかは各10点　計50点】

(1) ヨウ素液につけると，でんぷんがある葉は何色に変化しますか。

［　　　　］

(2) 実験当日の朝に，Aの葉をヨウ素液につけると，葉の色は変化しませんでした。このことから，B，Cの葉についてどのようなことがいえますか。次のア～エから選び，記号で答えましょう。　［　　　　］

ア　実験前日の時点で，B，Cの葉にでんぷんがあること。

イ　実験前日の時点で，B，Cの葉にでんぷんがないこと。

ウ　実験当日の朝の時点で，B，Cの葉にでんぷんがあること。

エ　実験当日の朝の時点で，B，Cの葉にでんぷんがないこと。

(3) 実験当日の朝に，Cの葉だけアルミニウムはくをはずしました。昼に調べると，B，Cの葉にはでんぷんがありますか。

B［　　　　］　C［　　　　］

(4) (2)，(3)から，葉にでんぷんができるためには，どのようなことが必要であるといえますか。

［　　　　］

(5) 実験当日の昼に，Dの葉をヨウ素液につけると，葉はどのようになりますか。次のア～エから選び，記号で答えましょう。　［　　　　］

ア　イ　ウ　エ

色が変化したところ

答えは別冊15ページ

学習日　　月　　日　得点　　／100点

2

図１のように，根のついたホウセンカを赤い色水にさし，しばらく置きました。次の問いに答えましょう。

図１

【(1)各５点　ほかは各10点　計30点】

(1)　くきを横と縦(たて)に切ったときの切り口のようすを，次のア～カからそれぞれ選び，記号で答えましょう。

横に切ったとき［　　　　］　縦に切ったとき［　　　　］

横に切ったとき

ア
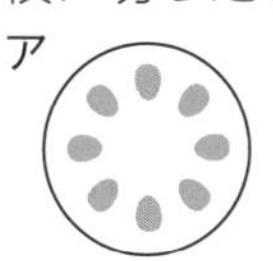
イ
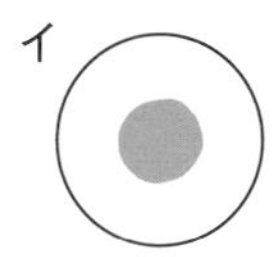
ウ

縦に切ったとき

エ

オ
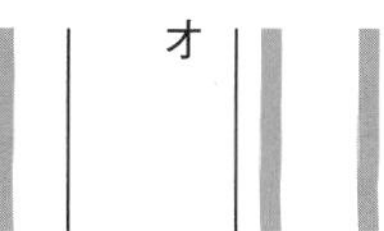
カ
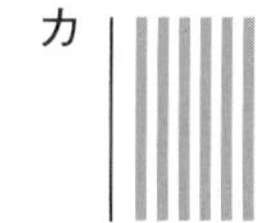

(2)　(1)で赤く染(そ)まった部分は，何の通り道ですか。

［　　　　　　］

図２

(3)　白いバラのくきを色水にさし，図２のように，花の半分を赤い色，もう半分を青い色に染めます。くきをどのようにして色水にさせばよいですか。

［　　　　　　　　　　　　　　　　　　］

3

右の図は，ホウセンカの葉の表面のうすい皮をとって，けんび鏡で観察したときのようすです。次の問いに答えましょう。

【各10点　計20点】

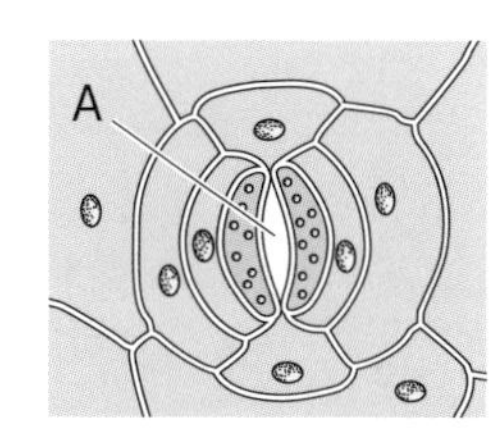

(1)　Aの穴(あな)を何といいますか。　［　　　　］

(2)　植物の体内の水は，Aの穴から水蒸気(すいじょうき)となって空気中に出ていきます。このことを何といいますか。　［　　　　］

学習日 月 日

13 食べるってどういう意味なの？

★動物は食べることで養分をとり入れる!

植物は日光を受けて自分で養分をつくることができますが，動物は自分で養分をつくることができません。そのため，動物はほかの生物を食べることによって，養分をとり入れています。

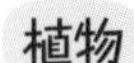
植物

植物は，日光を受けて，自分で養分をつくる。

動物

動物は，ほかの生物を食べて，養分をとり入れる。

★動物は食べるものによって草食・肉食動物に分けられる!

動物には，植物だけを食べる**草食動物**と，動物だけを食べる**肉食動物**がいます。なお，植物も動物も食べる動物は**雑食動物**とよばれます。

基本練習

答えは別冊6ページ

1 次の問いに答えましょう。

(1) 自分で養分をつくることができるのは，植物と動物のどちらですか。

［　　　　　］

(2) 植物だけを食べる動物を何といいますか。

［　　　　　］

(3) 動物だけを食べる動物を何といいますか。

［　　　　　］

(4) 植物も動物も食べる動物を何といいますか。

［　　　　　］

(5) 動物がほかの生物を食べるのは，何をとり入れるためですか。

［　　　　　］

2 動物は，食べるものにより，①草食動物，②肉食動物，③雑食動物に分けられます。それぞれにあてはまる動物を，次のア～カから選びましょう。

ア ウサギ　　**イ** ウシ　　**ウ** オオカミ
エ クマ　　**オ** 人　　**カ** ライオン

①［　　　］　②［　　　］　③［　　　］

できなかった問題は，復習しよう。

学習日　月　日

14 池のメダカは何を食べているの？

★池の水の中には，小さな生物がいる！

池にすむメダカは，えさをあたえなくても育ちます。これは，池の水の中に，メダカの食べ物になるような小さな生物がいるからです。けんび鏡で観察すると，いろいろな生物がいることがわかります。

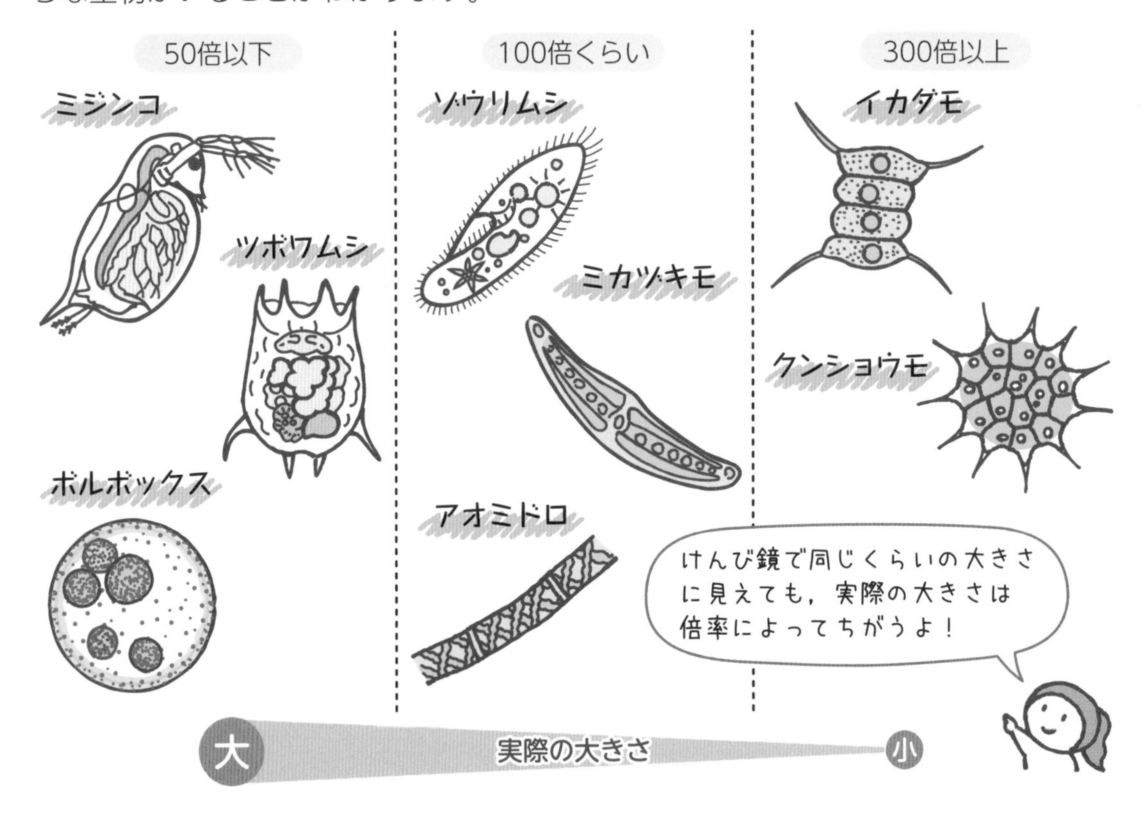

基本練習

答えは別冊6ページ

1 次の問いに答えましょう。

⑴ 自然の中で生きているメダカは，池や川の水の中にいる小さな生物を食べていますか，食べていませんか。

〔　　　　　　〕

⑵ けんび鏡で池の水の中の生物を倍率 40 倍で見たとき，はっきりと形が見えるのは，ミジンコとイカダモのどちらですか。

〔　　　　　　〕

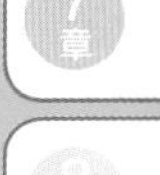

2 池の水の中にいる小さな生物をけんび鏡で観察すると，㋐～㋓の生物が見えました。

㋐

㋑

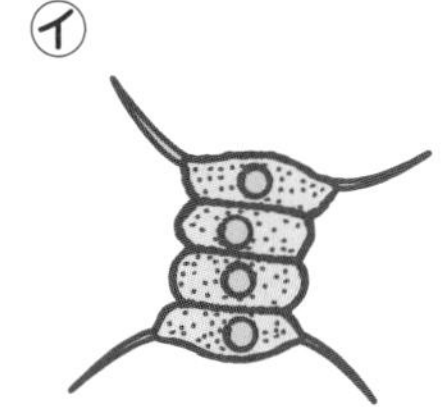

㋒

㋓

⑴ ゾウリムシとアオミドロは，㋐～㋓のどれですか。

ゾウリムシ〔　　　〕　アオミドロ〔　　　〕

⑵ ㋐を倍率 100 倍で見たときの大きさと，㋑を倍率 400 倍で見たときの大きさが同じに見えました。実際の大きさが大きいのは，㋐と㋑のどちらですか。

〔　　　〕

⑶ ㋓の生物を何といいますか。

〔　　　　　　〕

できなかった問題は，復習しよう。

学習日　月　日

15 生物は食べ物でつながっているの？

★食べ物のもとをたどると，植物にいきつく！

人は，イネやキャベツなどの植物のほか，ウシ，ニワトリ，マグロなどの動物も食べます。ウシやニワトリは牧草や穀物（こくもつ）などを食べ，マグロはほかの魚を食べて育ちます。このようにして動物の食べ物のもとをたどると，最後は必ず**植物**にいきつきます。

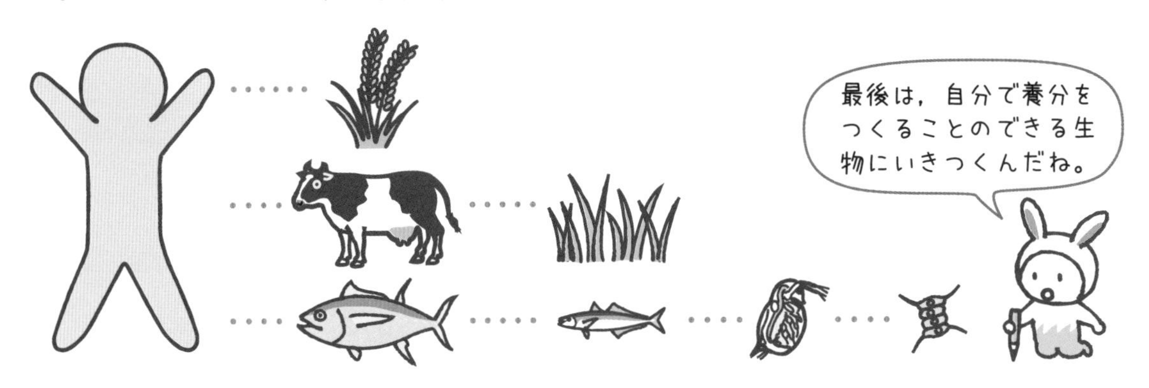

★生物は，食物連鎖（れんさ）でつながっている！

植物は草食動物に食べられ，草食動物は肉食動物に食べられます。このように，生物どうしは，「食べる・食べられる」の関係でつながっています。このつながりを**食物連鎖**といいます。食物連鎖は，陸上だけでなく，水中や土中でも見られます。

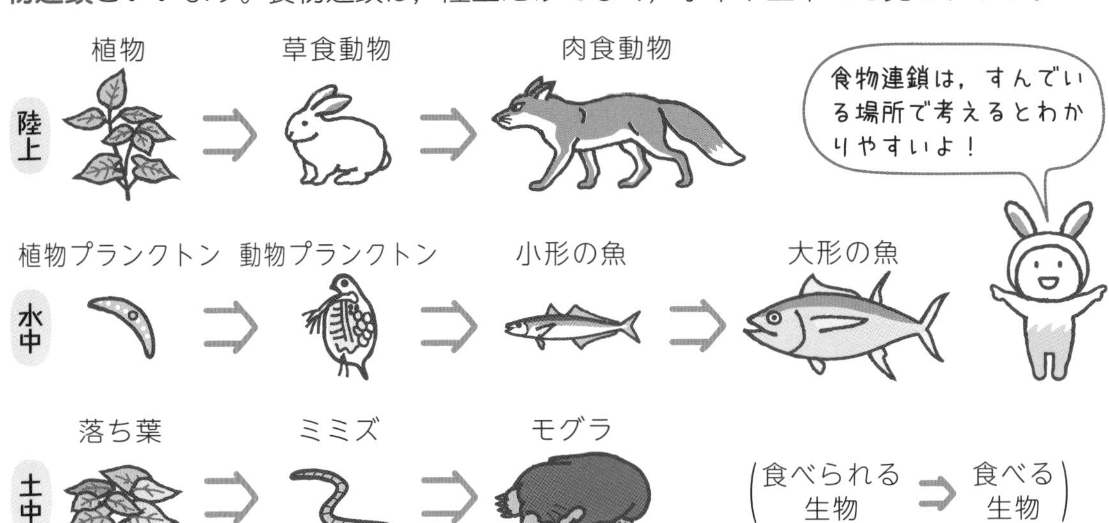

基本練習

答えは別冊6ページ

1 次の問いに答えましょう。

⑴　人の食べ物のもとをたどると，植物と動物のどちらにいきつきますか。

〔　　　　　　〕

⑵　生物どうしの「食べる・食べられる」の関係によるつながりを何といいますか。

〔　　　　　　〕

⑶　⑵は，土中でも見られますか。

〔　　　　　　〕

2 食物連鎖による生物のつながりを考えます。

⑴　食物連鎖のスタートになる生物は，次の**ア**，**イ**のどちらですか。

ア　自分で養分をつくることのできる生物
イ　自分では養分をつくることのできない生物

〔　　　　〕

⑵　次の図は，陸上で見られる４種類の生物を表しています。「食べられる生物→食べる生物」となるように，矢印を３本かき入れましょう。

ウサギ

ウシ

キツネ

草

できなかった問題は，復習しよう。

16 生物にとって空気って何だろう？

★生きるためのエネルギーを得るのに，空気（酸素）は不可欠！

動物は肺（はい）などで**呼吸**（こきゅう）を行い，体内に酸素をとり入れ，二酸化炭素を体外に出しています。動物と同じように，植物も気（き）こうで呼吸を行っています。生物は，体内にとり入れた酸素を使って，生きていくのに必要なエネルギーを養分からとり出しています。

★生物は空気を通してつながっている！

生物が呼吸をすると酸素が使われますが，空気中の酸素がなくなることはありません。これは，植物には，葉に日光が当たったときに**二酸化炭素**をとり入れ，**酸素**を出すはたらきがあるからです。このように，生物は空気を通してつながっています。

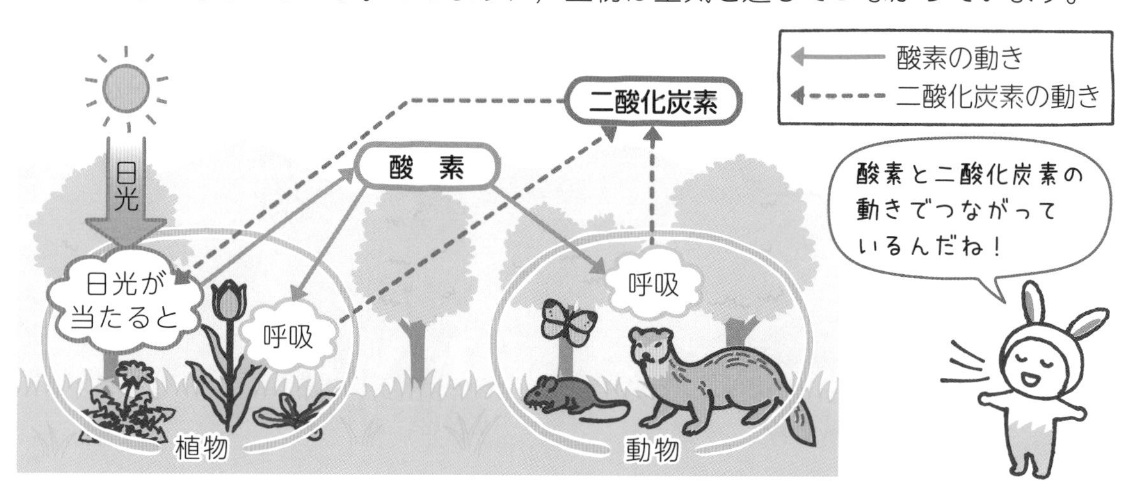

基本練習

答えは別冊6ページ

1 次の問いに答えましょう。

⑴　動物が体内に酸素をとり入れ，二酸化炭素を体外に出すはたらきを何といいますか。

〔　　　　　　　　〕

⑵　植物は，⑴のはたらきを行っていますか，行っていませんか。

〔　　　　　　　　〕

⑶　植物が，葉に日光が当たっているときにだけ出す気体は何ですか。

〔　　　　　　　　〕

2 右の図は，空気を通した生物のつながりを表しています。

⑴　㋐，㋑にあてはまる気体は，ちっ素，酸素，二酸化炭素のどれですか。

㋐〔　　　　　　　　〕

㋑〔　　　　　　　　〕

⑵　植物は，葉などにある何というつくりで，㋐や㋑の気体を出し入れしていますか。

〔　　　　　　　　〕

できなかった問題は，復習しよう。

17 生物にとって水って何だろう？

★生物の体は水でできている!?

わたしたちの体を流れる血液は，ほとんどが**水**でできています。人の体には多くの水がふくまれていて，体重の約60%が水です。ほかの生物も同じで，体の大部分は水でできています。水は，生物が生きていくのに欠かすことができません。

生物にふくまれる水の割合

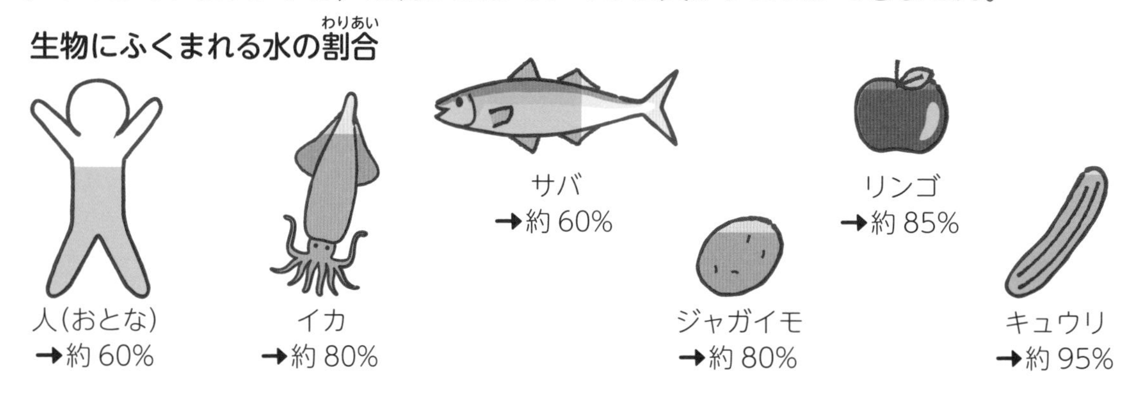

★水は，生物の体を出たり入ったりしている!

動物は，食べ物や飲み物を通して水をとり入れ，にょうやあせとして水を出したり，呼吸で水蒸気を出したりしています。植物は，根から水をとり入れて，**蒸散**によって水を出しています。このように，水は，生物の体を出たり入ったりしています。

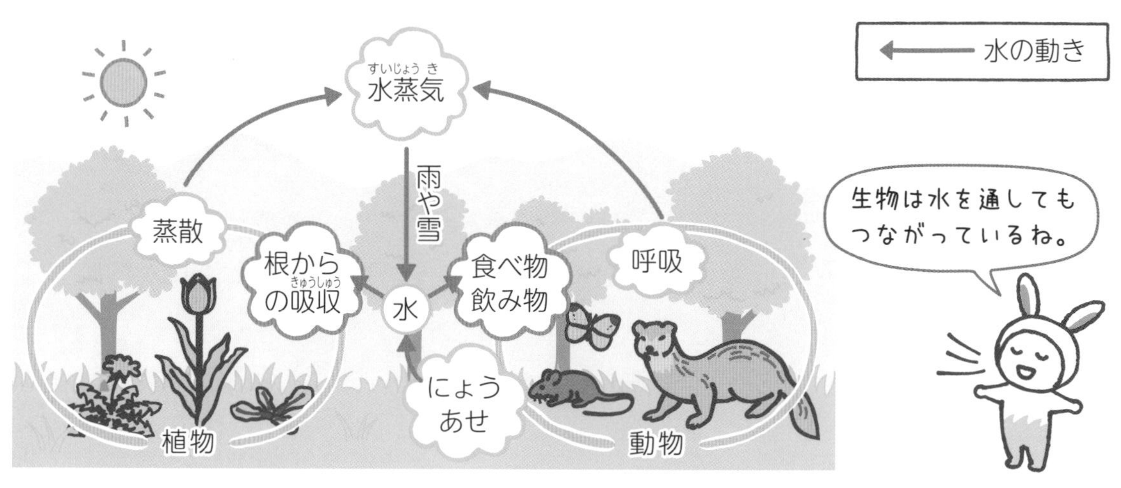

基本練習

答えは別冊7ページ

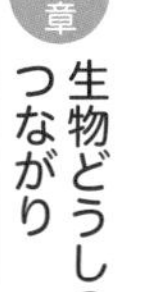

1 次の問いに答えましょう。

⑴ 人の血液の大部分は，何でできていますか。

〔　　　　　　〕

⑵ 水は，生物が生きていくのに必要ですか，必要ではありませんか。

〔　　　　　　〕

⑶ 水は，生物の体を出たり入ったりしていますか，していませんか。

〔　　　　　　〕

2 右の図は，水を通した生物のつながりを表しています。

⑴ ア，イにあてはまるはたらきは何ですか。

ア〔　　　　　　〕

イ〔　　　　　　〕

⑵ ウの矢印について，植物は体の何というつくりから水をとり入れていますか。

〔　　　　　　〕

できなかった問題は，復習しよう。

復習テスト 

4章 生物どうしのつながり

1

右の図は，ある地域(ちいき)の生物が「食べる・食べられる」という関係でつながっているようすを表しています。次の問いに答えましょう。

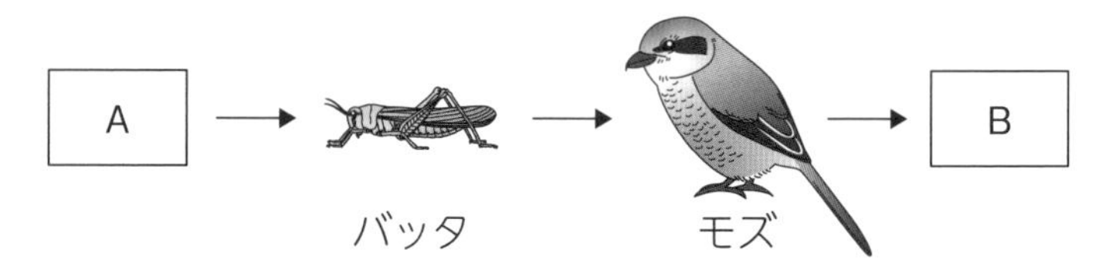

【(2)各5点　ほかは各10点　計30点】

(1) 生物どうしの「食べる・食べられる」という関係のつながりを何といいますか。　〔　　　　　　〕

(2) 図のA，Bにあてはまる生物を，次のア～エから選び，記号で答えましょう。

A〔　　　　〕　B〔　　　　〕

ア　エノコログサ　　イ　カマキリ　　ウ　シマウマ　　エ　タカ

(3) 水田にアイガモのひなをはなすと，農薬を使わずに，バッタなどのこん虫からイネを守ることができます。その理由を，(1)のつながりをもとに説明しましょう。

〔　　　　　　　　　　　　　　　　　　　　〕

2

右の㋐～㋒は，池の水の中の小さな生物を，けんび鏡で見たようすです。次の問いに答えましょう。

【各10点　計20点】

㋐

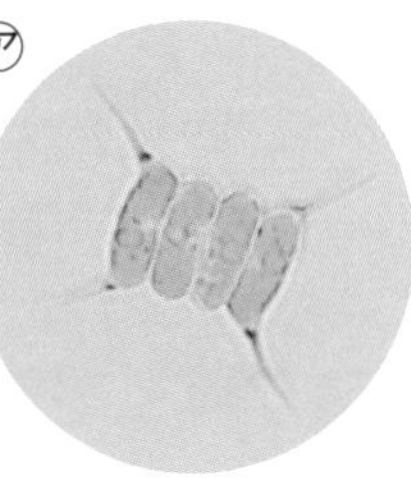

240倍

㋑

25倍

㋒

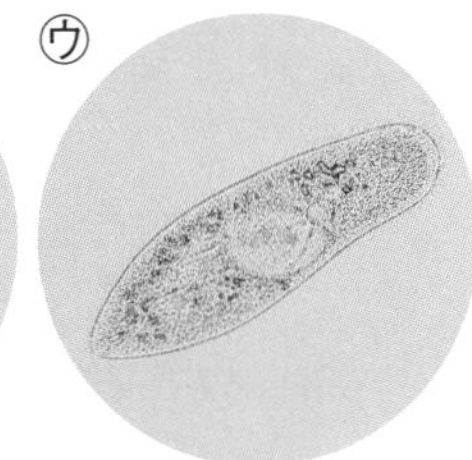

100倍

(1) 実際の大きさが大きい順に，㋐～㋒を並(なら)べましょう。　〔　　→　　→　　〕

(2) 水そうのメダカに㋐～㋒の生物をあたえると，メダカは食べますか。

〔　　　　　　〕

答えは別冊15ページ

学習日	得点
月　　日	／100点

3

植物と空気の関わりを調べるために，次の実験を行いました。後の問いに答えましょう。

【(1)各5点　ほかは各10点　計30点】

【実験】右の図のようにしたふくろA，Bを用意し，ふくろの中の酸素と二酸化炭素の割合(わりあい)を調べました。その後，A，Bを日光の当たるところにしばらく置いて，酸素と二酸化炭素の割合の変化を調べました。

(1) 日光に当てた後のA，Bの酸素と二酸化炭素の割合は，当てる前と比べてどのようになりましたか。次のア～ウからそれぞれ選び，記号で答えましょう。

ア　酸素も二酸化炭素も割合が変化しなかった。　A［　　　］

イ　酸素の割合は増え，二酸化炭素の割合は減った。　B［　　　］

ウ　酸素の割合は減り，二酸化炭素の割合は増えた。

(2) 次の日，ふくろAだけを同じように準備して，暗いところに3時間置きました。このとき，ふくろの中の酸素と二酸化炭素の割合はどうなりましたか。(1)のア～ウから選び，記号で答えましょう。　［　　　］

(3) (2)のようになったのは，植物が何というはたらきを行ったからですか。

［　　　］

4

生物と水の関わりについて，正しいものには○，まちがっているものには×をつけましょう。

【各5点　計20点】

① 生物の体には，水があまりふくまれていない。　［　　　］

② 動物は，飲み物だけを通して水をとり入れている。　［　　　］

③ 植物は，蒸散(じょうさん)によって，水を体外に出している。　［　　　］

④ 植物は，水がなくても生きていくことができる。　［　　　］

学習日 月 日

18 月はどのようにして光るの？

★月の表面は，岩石でできている！

月は球形の天体で，岩石などの固体でできています。表面は岩石や砂でおおわれていて，**クレーター**とよばれる円形のくぼみがたくさんあります。

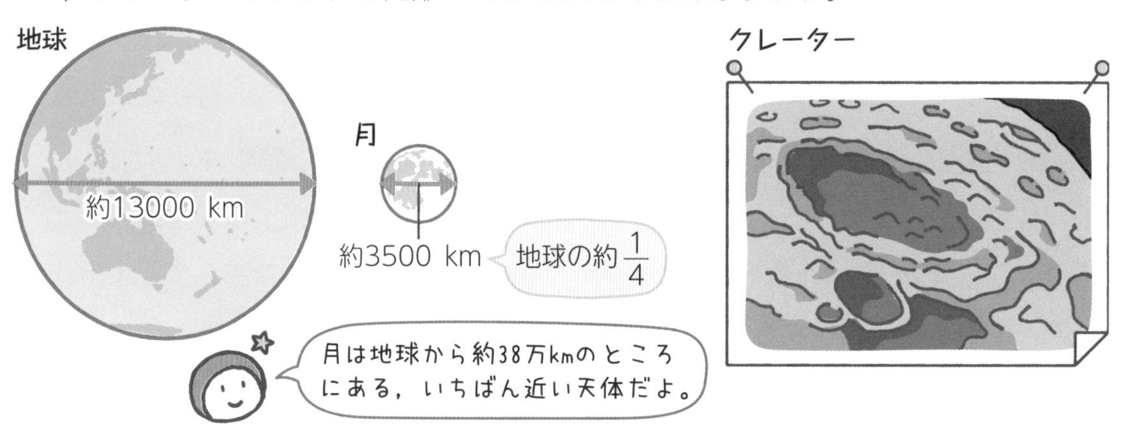

★月は，太陽の光を反射して光っている！

太陽は自ら光を出していますが，月は自ら光を出しているわけではありません。月が光って見えるのは，太陽の光を反射しているからです。

基本練習

答えは別冊7ページ

1 次の問いに答えましょう。

(1) 月は，どんな形をした天体ですか。

[　　　　　　　　]

(2) 月の表面にある，円形のくぼみを何といいますか。

[　　　　　　　　]

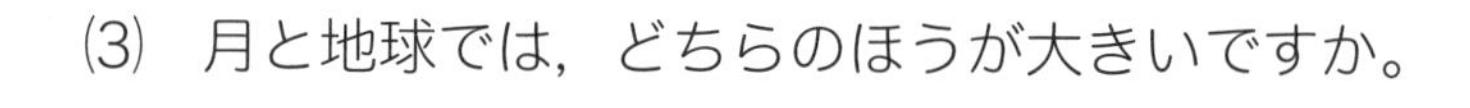

(3) 月と地球では，どちらのほうが大きいですか。

[　　　　　　　　]

(4) 月は，何の光を反射して光っていますか。

[　　　　　　　　]

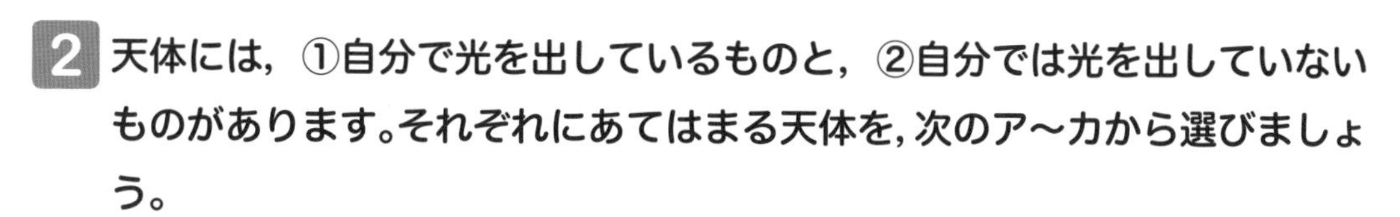

2 天体には，①自分で光を出しているものと，②自分では光を出していないものがあります。それぞれにあてはまる天体を，次のア～カから選びましょう。

ア　アンタレス　　**イ**　火星　　**ウ**　金星
エ　太陽　　**オ**　地球　　**カ**　北極星

① [　　　　　　　　]

② [　　　　　　　　]

できなかった問題は，復習しよう。

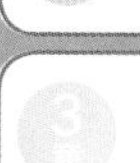

学習日 月 日

19 月の光っている側には何があるの？

★月の見える形には，満月(まんげつ)や半月(はんげつ)，三日月(みかづき)がある！

月は球形をしていますが，いつもまるい形に見えるのではなく，日によって見える形がちがいます。形によって，**満月**，**半月**，**三日月**などとよばれます。

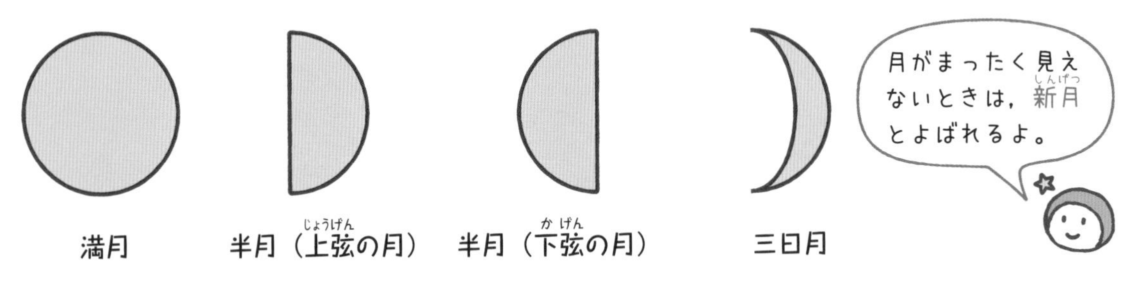

★月の光っている側には，太陽がある！

月は太陽の光を反射(はんしゃ)して光っているので，月の光っている側には**太陽**があります。これは，月の形，月が見える時刻(じこく)や方位に関係なく，同じです。

明け方に見える月

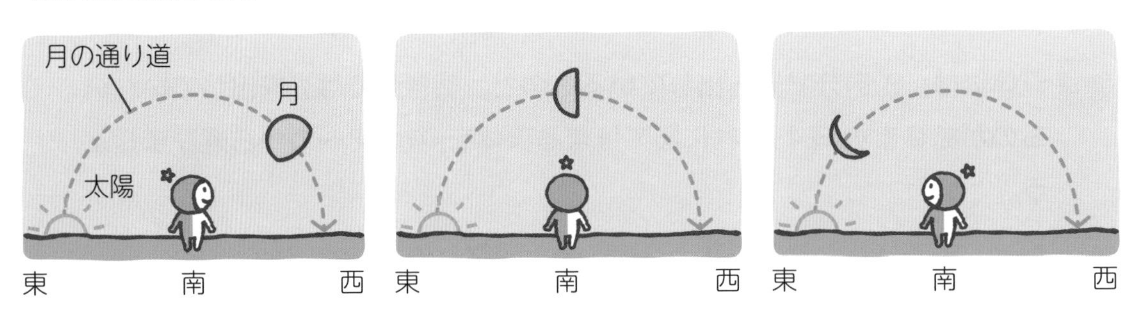

夕方に見える月

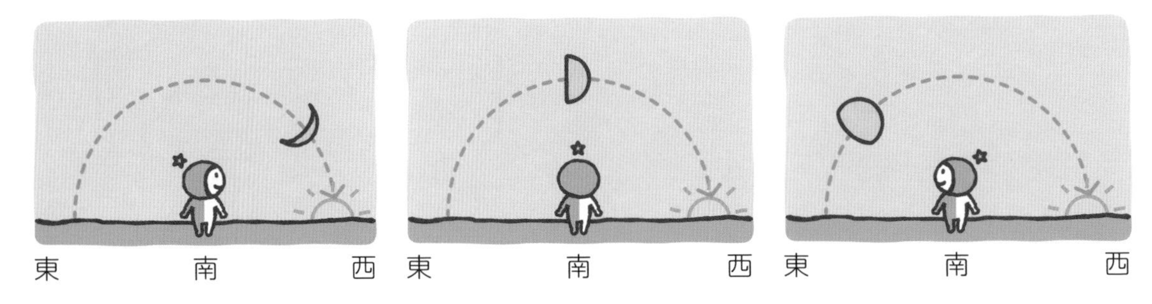

基本練習

答えは別冊7ページ

1 次の問いに答えましょう。

(1) まるい形に見える月を何といいますか。

〔　　　　　　〕

(2) まったく見えないときの月を何といいますか。

〔　　　　　　〕

2 次の①，②は，月を観察したときのようすです。

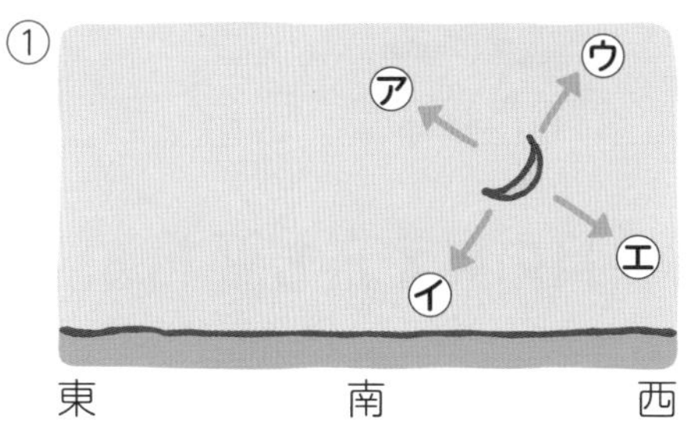

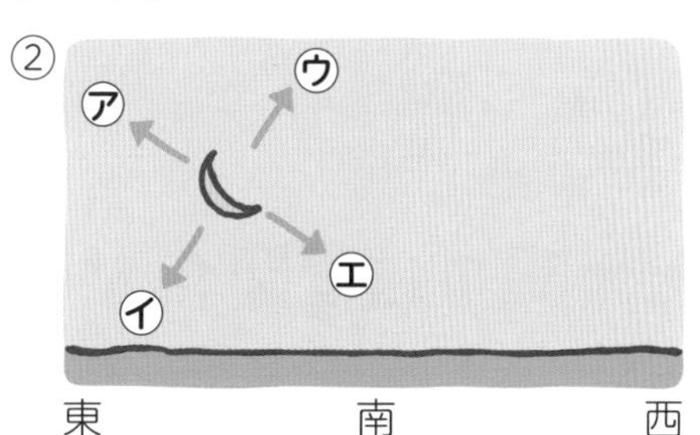

(1) ①の形の月を何といいますか。

〔　　　　　　〕

(2) 月が光っている側には，何がありますか。

〔　　　　　　〕

(3) ①，②では，それぞれ太陽は㋐～㋓のどの向きにありますか。

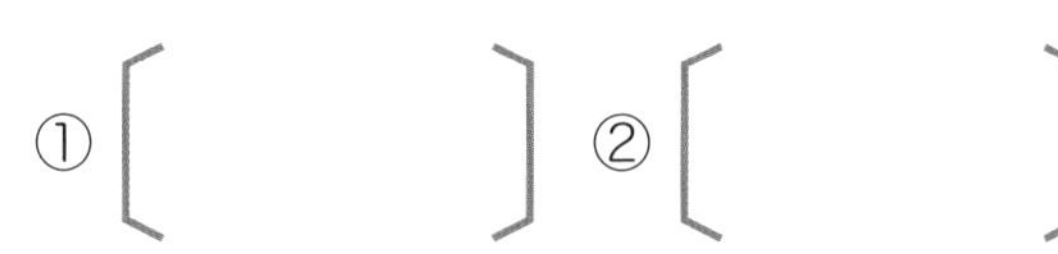

①〔　　　　〕②〔　　　　〕

できなかった問題は，復習しよう。

学習日
月　日

20 月の形の見え方が変わるのはなぜ？

★太陽の光が当たるのは，いつも月の半分だけ！

月は太陽の光を反射（はんしゃ）して光っていますが，太陽の光が当たっているのは，いつも半分だけです。月の形の見え方は，ボールを月に見立てた実験で調べられます。

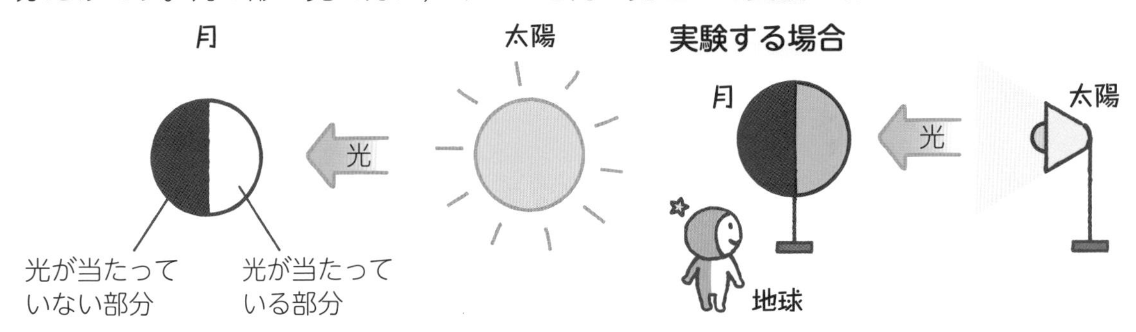

★月と太陽の位置関係が変わると，月の見え方も変わる！

上の実験でボールの位置を変えると，ボールの光が当たっている部分の見え方が変わります。同じように，**月と太陽の位置関係**が変わると，月に光が当たっている部分の見え方が変わります。そのため，見える月の形も変わります。

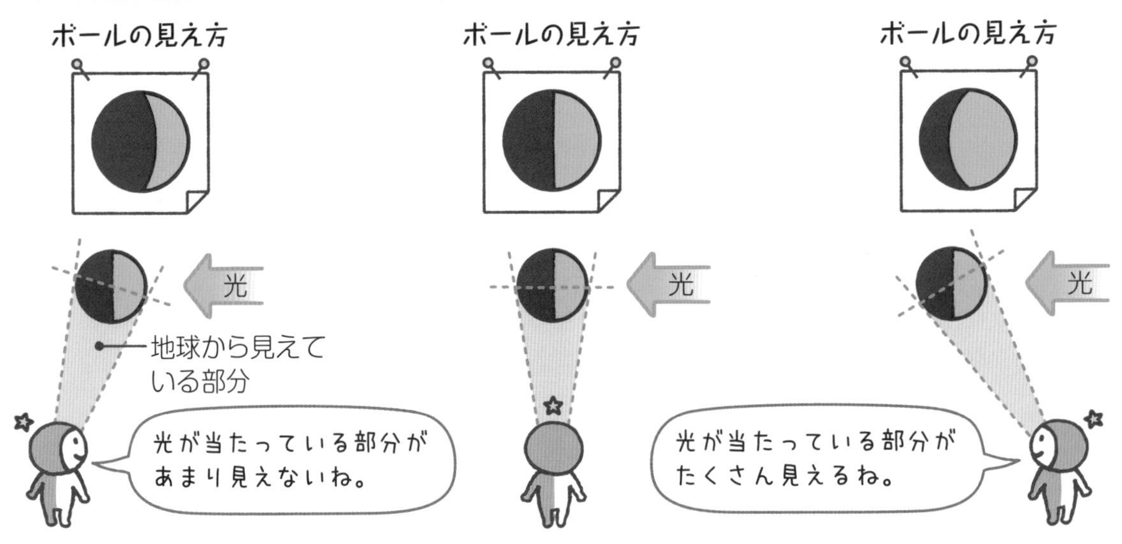

基本練習

➡ 答えは別冊７ページ

1 次の問いに答えましょう。

⑴　月の表面のうち，太陽の光が当たっている部分は，何分の１ですか。

〔　　　　　〕

⑵　月と太陽の位置関係が変わると，月に光が当たっている部分の地球からの見え方はどうなりますか。　〔　　　　　〕

⑶　月の形の見え方が変わるのは，何と何の位置関係が変わるからですか。

〔　　　　　〕

2 次の図のようにして，月の形の見え方が変わる理由を調べます。①かい中電灯，②ボール，③観察する人は，それぞれ地球・月・太陽のどれに見立てていますか。

①〔　　　　　〕　②〔　　　　　〕　③〔　　　　　〕

できなかった問題は，復習しよう。

学習日
月　日

21 月の形が1か月でもとにもどるのはなぜ？

★月の形は，1か月の周期で変化する!

月の形は，新月（しんげつ）⇒三日月（みかづき）⇒半月（はんげつ）（上弦（じょうげん）の月）⇒満月（まんげつ）⇒半月（下弦（かげん）の月）⇒新月と，およそ**1か月**の周期で変化します。

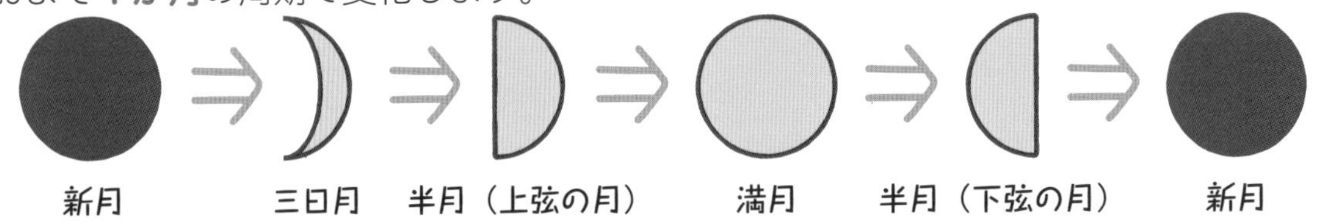

★月は地球のまわりをおよそ1か月かけて回っている!

月は地球のまわりを回っていて，太陽との位置関係はおよそ1か月でもとにもどります。そのため，地球から見える月の形も，1か月でもとにもどります。

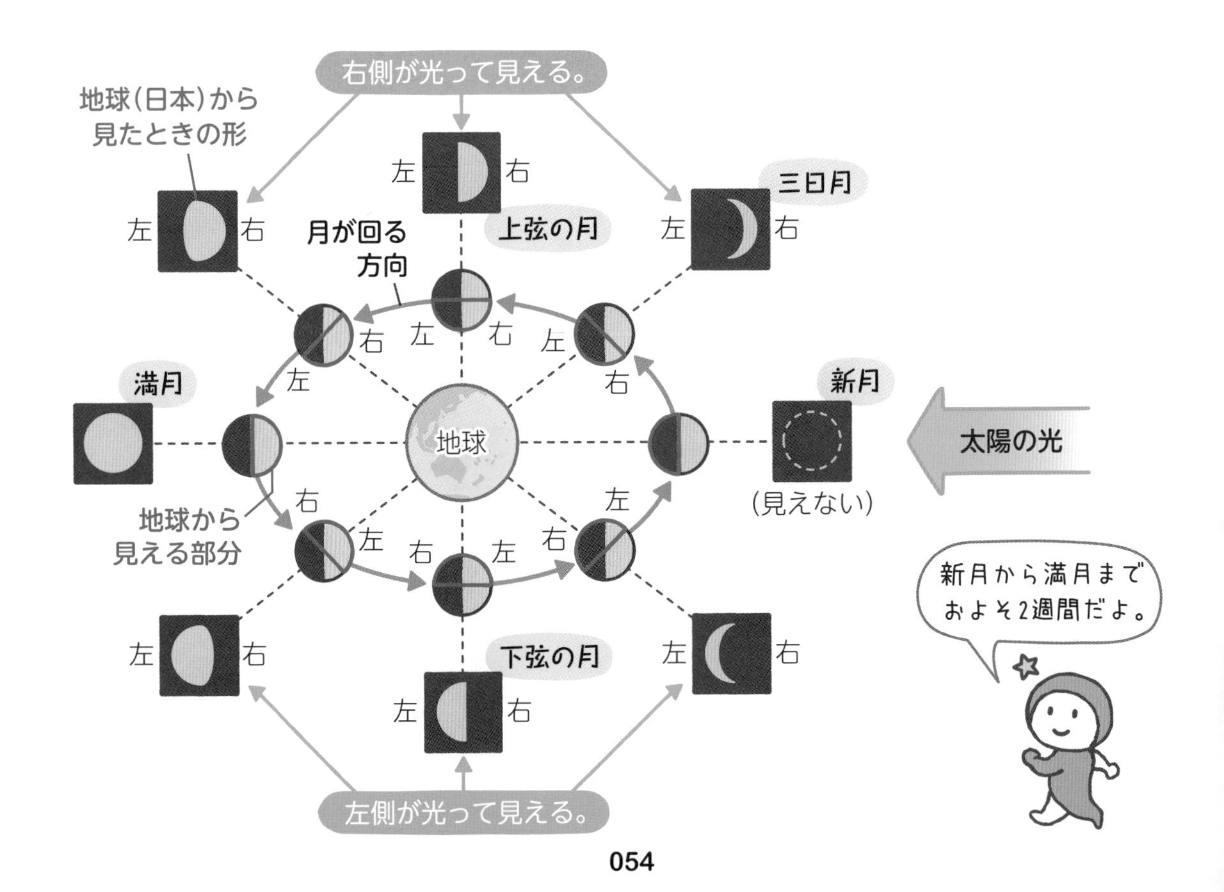

基本練習

答えは別冊８ページ

1 次の問いに答えましょう。

(1) 月の見える形が変化する周期は，およそ何か月ですか。

[　　　　　]

(2) 新月から，満月になるまでは，およそ何週間ですか。

[　　　　　]

(3) 月と太陽の位置関係は，およそ何か月でもとにもどりますか。

[　　　　　]

2 次のA～Dの月について，あとの問いに答えなさい。

A
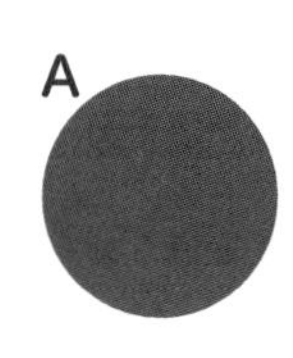
B
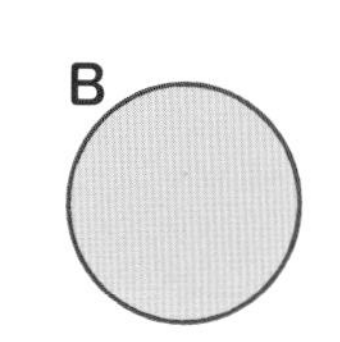
C
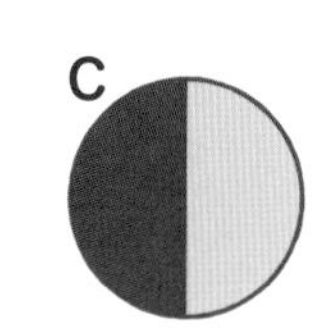
D
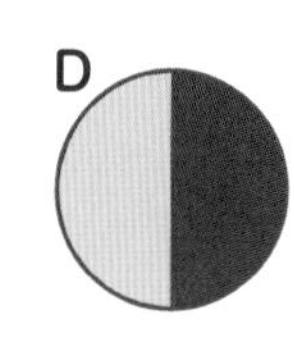

(1) **A**～**D**を，**A**をはじまりとして，月の形の変化の順に並(なら)べなさい。

[A →　　→　　→　　]

(2) **A**，**B**のように見えるときの月の位置は，右の図の㋐～㋓のどれですか。

A [　　　　] B [　　　　]

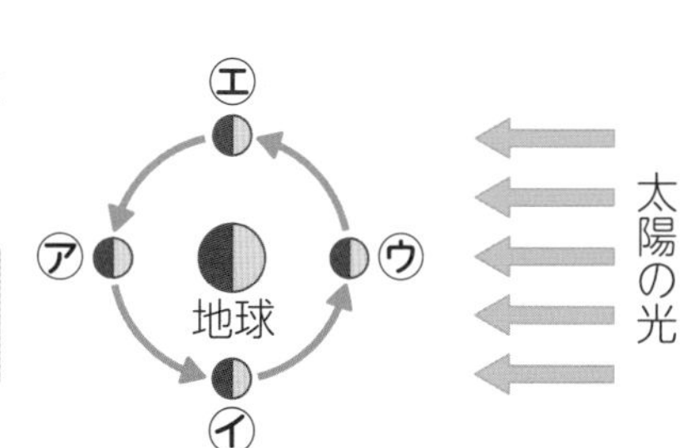

できなかった問題は，復習しよう。

復習テスト5

1

月の形や表面のようす，性質について，正しいものには○，まちがっているものには×をつけましょう。

【各5点　計20点】

① 球形の天体である。　〔　　　〕

② 水素やヘリウムなどの気体でできている。　〔　　　〕

③ 表面にはクレーターとよばれるくぼみがある。　〔　　　〕

④ 自ら光を出して光っている。　〔　　　〕

2

次のA～Eは，いろいろな日に観察した月の形です。あとの問いに答えましょう。

【各8点　計32点】

A　B　C　D　E

(1) A～Eを，Aをはじまりにして，月の形が変わっていく順に並(なら)べましょう。

〔 A →　　→　　→　　→　　〕

(2) Bの月が見えてから，次にBの月が見えるまで，どれくらいかかりますか。次のア～オから選び，記号で答えましょう。　〔　　　〕

ア　約3日　　イ　約1週間　　ウ　約2週間

エ　約1か月　　オ　約1年

(3) 与謝蕪村(よさぶそん)の俳句(はいく)に，「菜の花や　月は東に　日は西に」というものがあります。

① この俳句は，いつごろよまれたと考えられますか。次のア～エから選び，記号で答えましょう。　〔　　　〕

ア　明け方　　イ　正午ごろ　　ウ　夕方　　エ　真夜中

② この俳句は，どのような形に見える月をよんだと考えられますか。上のA～Eから選び，記号で答えましょう。　〔　　　〕

答えは別冊16ページ

学習日	得点
月　日	／100点

3

右の図は，ボールと電灯を使って月の見える形の変化を調べるようすを表しています。次の問いに答えましょう。【各6点　計24点】

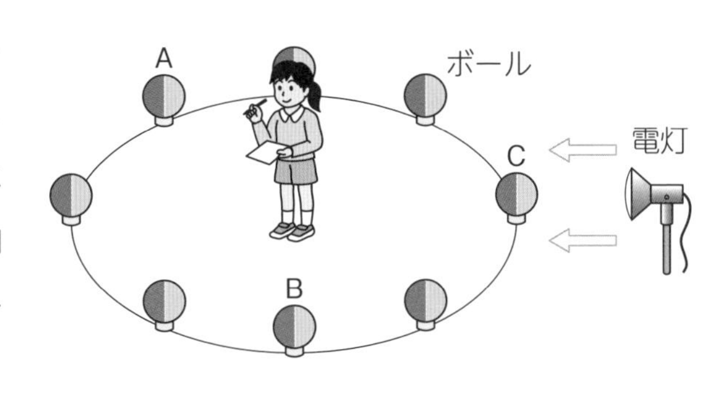

(1) 月に見立てているのは，ボールと電灯のどちらですか。

〔　　　　　〕

(2) ボールをA～Cの位置に置いたとき，観察する人からはどのように見えますか。次のア～オから選び，記号で答えましょう。

A〔　　　〕 B〔　　　〕 C〔　　　〕

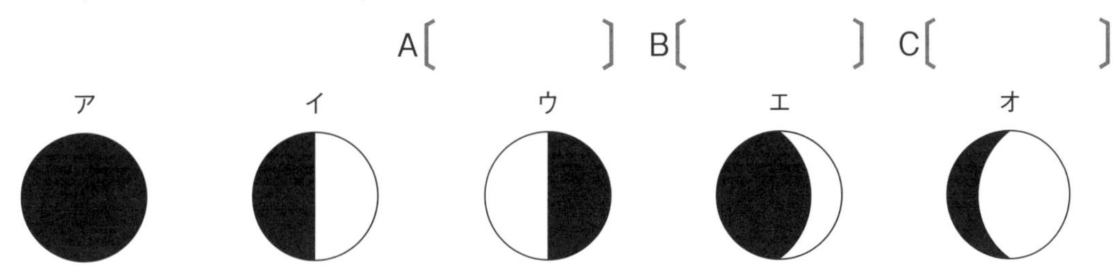

4

図1は，ある日の日中に見えた月のようすを表しています。次の問いに答えましょう。

【各8点　計24点】

図1

(1) 図1のような半月を何といいますか。

〔　　　　　〕

(2) 図1のとき，太陽は東の空と西の空のどちらにありますか。〔　　　　　〕

(3) 図1のとき，月は図2のどの位置にありますか。㋐～㋗から選び，記号で答えましょう。

〔　　　　　〕

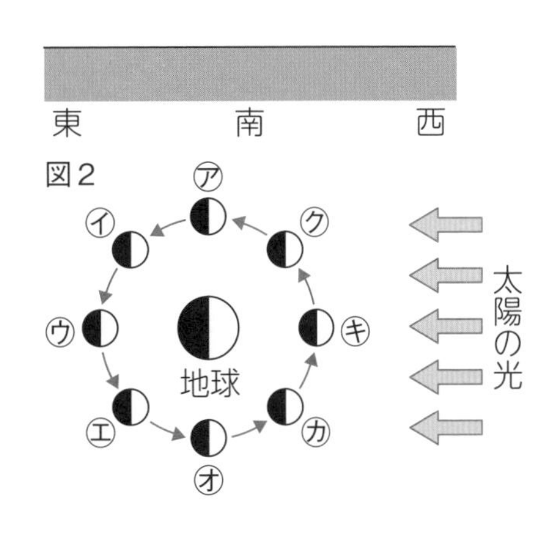

22 土地がしま模様に見えるのはなぜ？

★土は，種類によって色や性質がちがう！

土地は，れき（石）や砂，どろ，火山灰など，同じ種類の土が層をつくり，積み重なって広がっています。これを**地層**といいます。土の種類によって，つぶの色や形，大きさなどの性質がちがうため，断面がしま模様に見えます。

千葉県銚子市

山口県萩市

地層は，表面だけでなく，横にもおくにも広がっているね。

★地層には，化石がふくまれることがある！

地層の中には，大昔の生物の体や生活のあとなどが見られることがあります。これを**化石**といいます。地層ができるときに生物の体がいっしょにうもれると，化石ができることがあります。

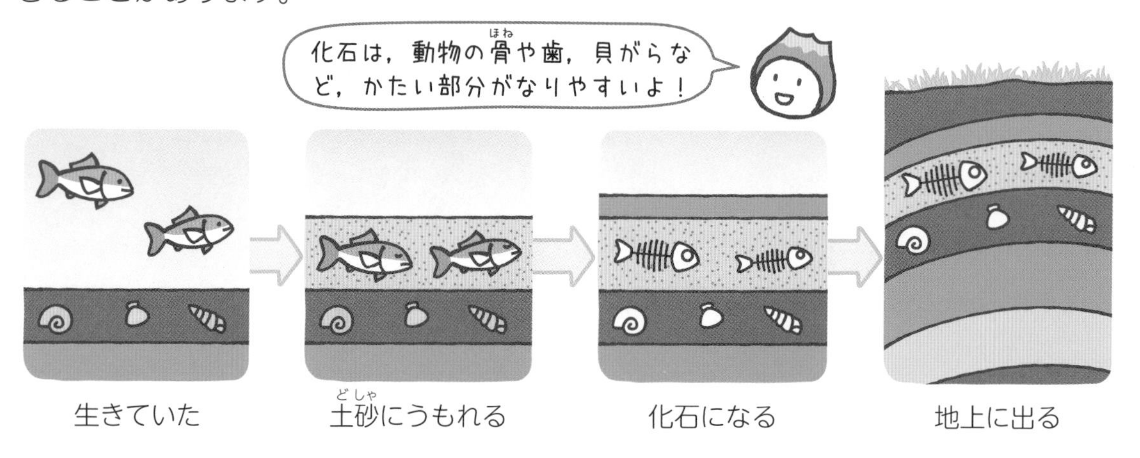

基本練習

答えは別冊8ページ

1 次の問いに答えましょう。

⑴　同じ種類の土が層をつくり，積み重なって広がっているものを何といいますか。

〔　　　　　　　　〕

⑵　地層は，表面に見えるところ以外にも広がっていますか，広がっていませんか。

〔　　　　　　　　〕

⑶　地層の中に見られる，大昔の生物の体や生活のあとなどを何といいますか。

〔　　　　　　　　〕

2 右の図は，A小学校，B小学校，C小学校のボーリング試料（地下の土をほり出したもの）をもとに，地下のようすを表した図です。

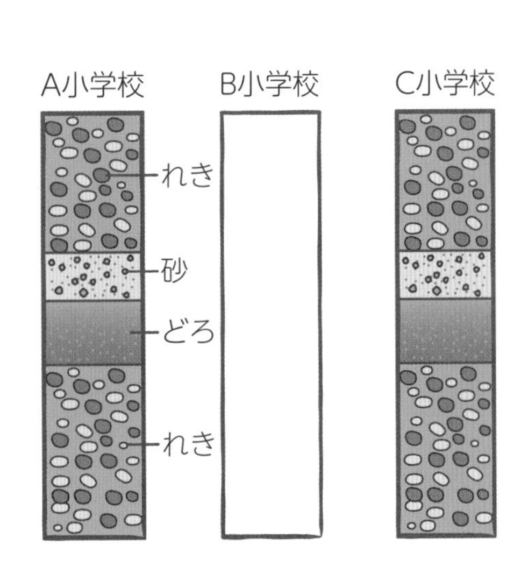

⑴　れきの層と砂の層を比べると，土をつくるつぶの色や形，大きさなどの性質は同じですか，ちがいますか。

〔　　　　　　　　〕

⑵　B小学校は，A小学校とC小学校の間にあります。B小学校の地下のようすはどのようになっていると考えられますか。図にかき入れましょう。

できなかった問題は，復習しよう。

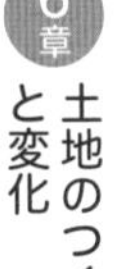

学習日 月 日

23 流れる水はどんな地層をつくるの？

★つぶが小さい土ほど，河口から遠くまで運ばれる！

川の水のはたらきで河口まで運ぱんされた土は，海底に**たい積**します。つぶが小さい土ほどしずみにくく，河口から遠いところにたい積します。たい積した層(そう)の上に，新しく運ばれてきた土がさらにたい積して，地層(ちそう)は積み重なっていきます。

流れる水による地層のでき方

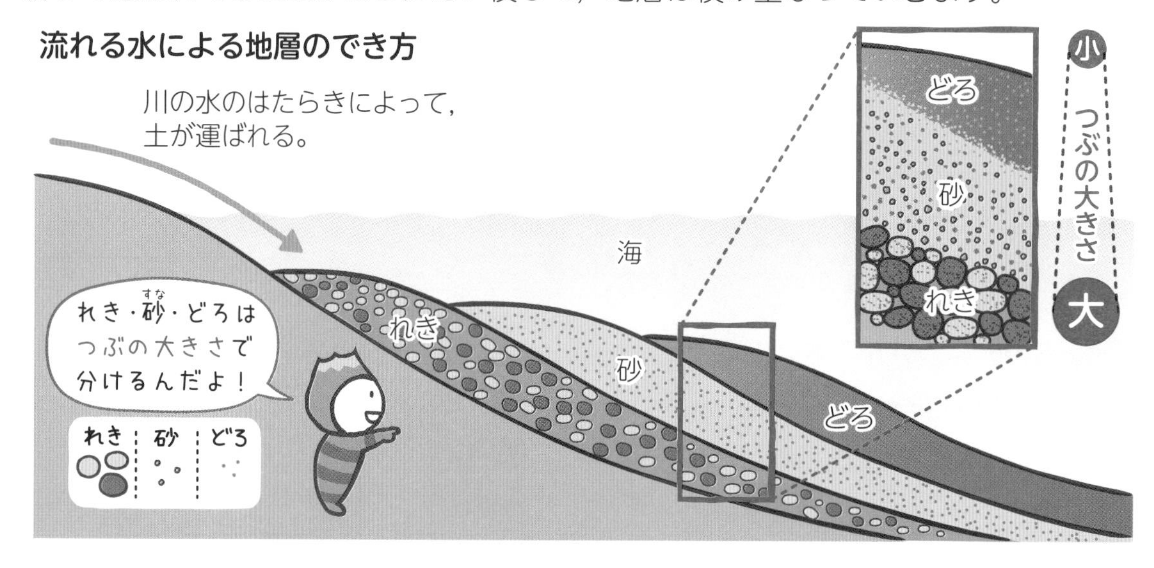

★れき岩・砂岩(さがん)・でい岩もつぶの大きさがちがう！

たい積したれき・砂・どろがおし固められると，それぞれ**れき岩**・**砂岩**・**でい岩**になります。れき岩・砂岩・でい岩では，ふくまれるつぶの大きさがちがいます。

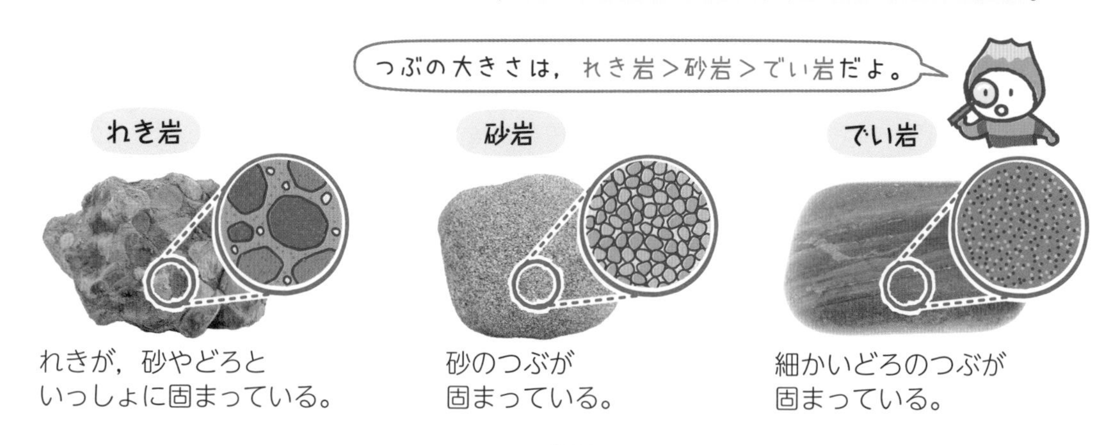

れきが，砂やどろといっしょに固まっている。

砂のつぶが固まっている。

細かいどろのつぶが固まっている。

基本練習

答えは別冊8ページ

1 **次の問いに答えましょう。**

⑴　れき・砂・どろは，土のつぶの何によって分けられますか。

〔　　　　　　　〕

⑵　たい積した砂がおし固められてできた岩石を何といいますか。

〔　　　　　　　〕

⑶　たい積したどろがおし固められてできた岩石を何といいますか。

〔　　　　　　　〕

2 **右の図は，川の水のはたらきで河口まで運ばれてきた土が，分かれてたい積するようすを表しています。**

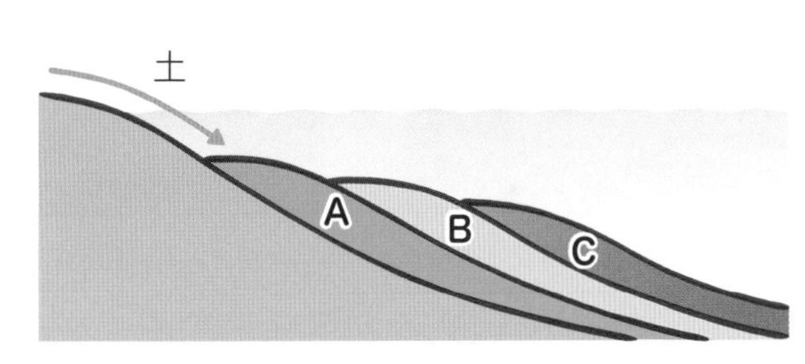

⑴　次の文の①，②にあてはまる言葉を書きましょう。

●つぶが大きい土ほどしずみ（　①　）ので，河口から（　②　）ところにたい積する。

①〔　　　　　　　〕②〔　　　　　　　〕

⑵　図の**A**～**C**にたい積するのは，れき・砂・どろのどれですか。

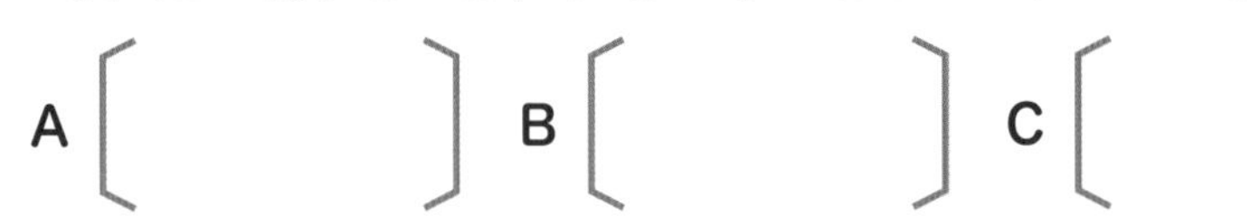

A〔　　　　　〕**B**〔　　　　　〕**C**〔　　　　　〕

できなかった問題は，復習しよう。

学習日　　月　　日

24 火山はどんな地層をつくるの？

★火山がふん火すると，火山灰が積もる！

火山がふん火すると，**火山灰**などがふき出します。火山灰が降り積もると，陸上でも地層ができることがあります。大きなふん火では，遠くはなれた地域でも，火山灰の地層ができることがあります。

火山灰などが降り積もってできた地層

［東京都大島町］

火山灰でできたがけ

［鹿児島県日置市］

火山灰の層がはさまれた地層

［大阪府和泉市］

★火山灰の層をくわしく観察すると・・・。

採取した火山灰をそう眼実体けんび鏡などで観察すると，**角ばっている**つぶや，ガラスの破片のようなとう明なつぶが見られます。また，火山灰の層の中には，**軽石**などの大きなつぶが見られることもあります。

火山灰の中のつぶ

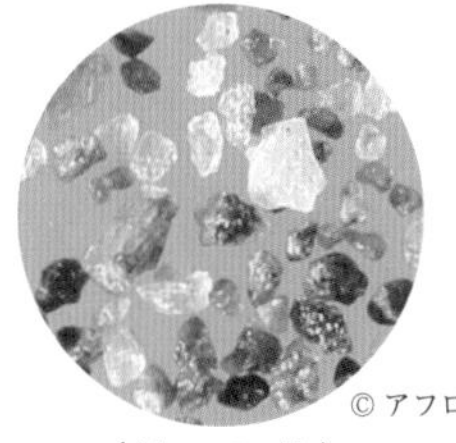

（約 10 倍）

砂のつぶ

（約 30 倍）

火山灰のつぶは
角ばっているけれど，
砂のつぶは丸みを
帯びているね。

軽石

小さな穴がたくさんあいている。

基本練習

答えは別冊8ページ

1 次の問いに答えましょう。

⑴　火山がふん火すると，何がふき出しますか。

〔　　　　　　　〕

⑵　ガラスの破片のようなとう明なつぶを多くふくむのは，火山灰と砂のどちらですか。

〔　　　　　　　〕

⑶　火山灰の層の中に見られる，小さな穴がたくさんあいた大きなつぶを何といいますか。

〔　　　　　　　〕

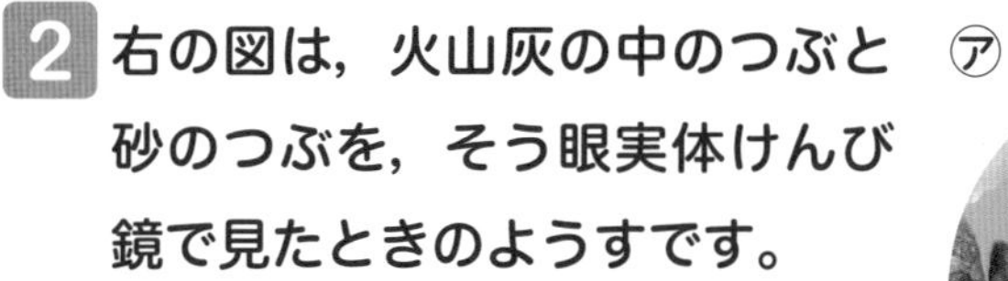

2 右の図は，火山灰の中のつぶと砂のつぶを，そう眼実体けんび鏡で見たときのようすです。

㋐

© アフロ

㋑

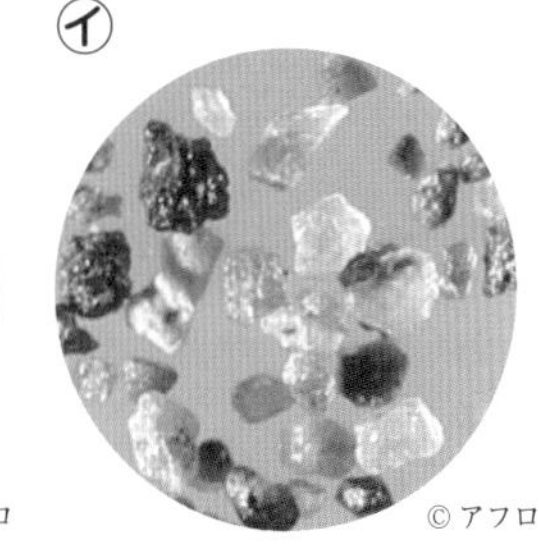

© アフロ

⑴　㋐と㋑では，つぶの形にどのようなちがいが見られますか。次の文の①，②にあてはまる言葉を書きましょう。

●㋐のつぶは（　①　）が，㋑のつぶは（　②　）。

①〔　　　　　　　〕②〔　　　　　　　〕

⑵　火山灰の中のつぶを見たときのようすは，㋐，㋑のどちらですか。

〔　　　　　　　〕

できなかった問題は，復習しよう。

25 火山がふん火するとどうなるの？

★火山がふん火すると，火山灰（かざんばい）やよう岩がふき出す！

火山の地下には，高温でどろどろにとけた岩石（**マグマ**）があります。火山がふん火すると，マグマが**よう岩**や**火山灰**となって地表にふき出します。

★ふき出したよう岩で，湖ができる!?

火山がふん火すると，ふき出したよう岩や火山灰が大地をおおいます。また，土地が大きく変化して，湖や島，山ができることもあります。

火山灰にうもれた神社の鳥居（とりい）

［鹿児島県鹿児島市］

火山活動によるくぼ地にできた湖

［福島県福島市］

基本練習

➡ 答えは別冊9ページ

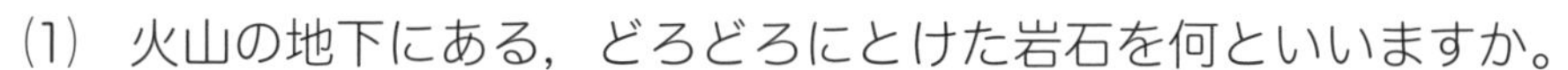

1 次の問いに答えましょう。

⑴　火山の地下にある，どろどろにとけた岩石を何といいますか。

〔　　　　　　　　　〕

⑵　⑴が地表にふき出す現象を何といいますか。

〔　　　　　　　　　〕

⑶　⑴が液状のまま地表にふき出したものを何といいますか。

〔　　　　　　　　　〕

2 図1は火山のふん火を宇宙から見たときのようす，図2は火山のふん火によってできた島がもとからあった島とくっついたようすを表しています。

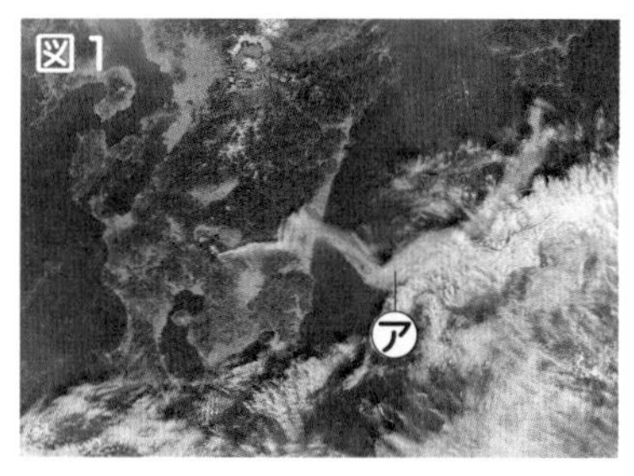

提供：NASA/GSFC, MODIS Rapid Response

提供：海上保安庁

⑴　**図1**では，火山のふん火でふき出したⓐが風で運ばれています。ⓐは何ですか。

〔　　　　　　　　　〕

⑵　**図2**では，マグマが冷えて固まったⓘによって，島と島がくっついています。ⓘは何ですか。

〔　　　　　　　　　〕

できなかった問題は，復習しよう。

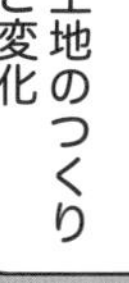

学習日 月 日

26 地しんが起きると大地はどうなるの？

★大地がずれると地しんが起きる！

大地にはいつも大きな力がはたらいているため，ひずみがたまっていきます。ひずみが限界に達すると，大地が一気に動き，地表がゆれます。これが**地しん**です。大地が一気に動いたときにできたずれを，**断層**（だんそう）といいます。

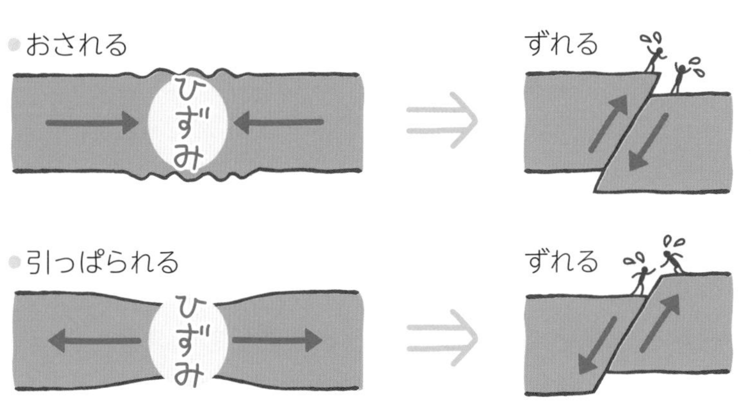

地表に現れた断層

［神奈川県三浦市（みうらし）］

★海底で地しんが起きると，津波（つなみ）の危険（きけん）！

地しんが発生すると，建物や道路がこわれたり，**土砂（どしゃ）くずれ**や**地割（じわ）れ**，液状化現象（えきじょうかげんしょう）が起きたりします。また，土地が盛（も）り上がったり，しずんだりすることもあります。海底で地しんが起きたときは，**津波**が発生することもあります。

地震による津波

［岩手県宮古市（みやこし）］

地震による液状化現象

［千葉県浦安市（うらやすし）］

基本練習

答えは別冊9ページ

1 次の問いに答えましょう。

⑴　大地にたまったひずみが限界に達し，大地が一気に動いて地表がゆれる現象を何といいますか。

〔　　　　　　　　〕

⑵　大地が一気に動いたときにできたずれを何といいますか。

〔　　　　　　　　〕

⑶　海底で地しんが起きたときに発生する，大きな波が陸地におし寄せる現象を何といいますか。

〔　　　　　　　　〕

2 図1，図2は，地しんによって起きた大地の変化を表しています。

図1

図2

⑴　**図1**では，山の斜面（しゃめん）がくずれています。このような災害を何といいますか。

〔　　　　　　　　〕

⑵　**図2**では，土地が液体のようになって水や砂（すな）がふき出した結果，マンホールがうき上がっています。このような現象を何といいますか。

〔　　　　　　　　〕

できなかった問題は，復習しよう。

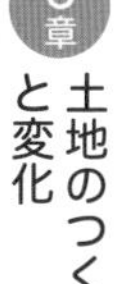

復習テスト 6

6章 土地のつくりと変化

1

右の図は，あるがけを観察して，そのようすをスケッチしたものです。次の問いに答えましょう。　【(4)(5)は各10点　ほかは各５点　計35点】

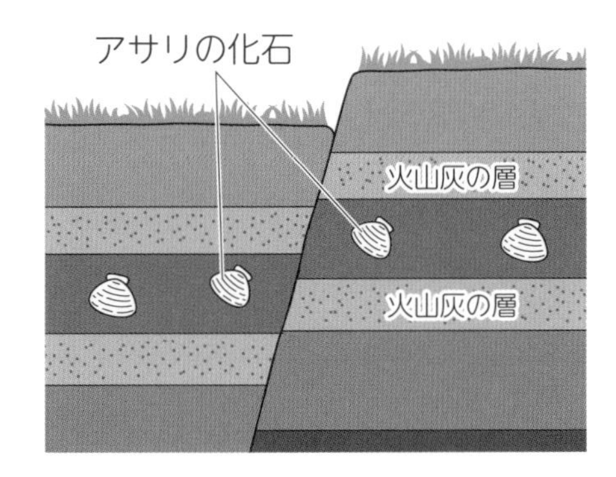

(1)　図のように，いろいろな種類の土や火山灰(かざんばい)などが層(そう)になって重なり合ったものを何といいますか。　［　　　　　］

(2)　図では，(1)がずれているようすが見られます。このような大地のずれを何といいますか。　［　　　　　］

(3)　図から，この地域(ちいき)では，火山のふん火が最低でも何回あったことがわかりますか。　［　　　　　］

(4)　(3)のように考えた理由を簡単(かんたん)に説明しましょう。
［　　　　　　　　　　　　　　　　　　　　］

(5)　この地点が海の近くにあったと考えられる理由を簡単に説明しましょう。
［　　　　　　　　　　　　　　　　　　　　］

2

火山のふん火や地しんによる大地の変化や災害(さいがい)について，次の問いに答えましょう。　【各10点　計20点】

(1)　火山のふん火による大地の変化や災害を，次のア〜エからすべて選び，記号で答えましょう。　［　　　　　］

ア　よう岩が川をふさいで湖ができる。　　イ　土地が液状化する。

ウ　建物や高速道路がたおれる。　　エ　火山灰が畑に降(ふ)り積もる。

(2)　海辺でつりをしているときに，大きな地しんが起こりました。津波(つなみ)から身を守るためには，どのような行動をすればよいですか。
［　　　　　　　　　　　　　　　　　　　　］

答えは別冊16ページ

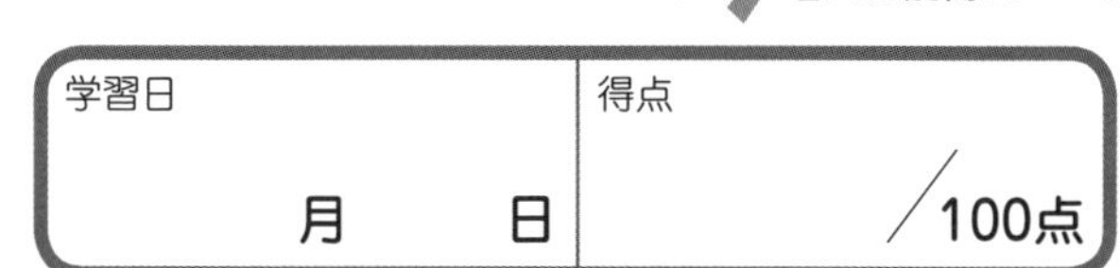

3

河口付近での土砂（どしゃ）の積もり方を調べるために，右の図のような実験をしました。次の問いに答えましょう。　【(1)(4)(5)は各10点　ほかは各５点　計45点】

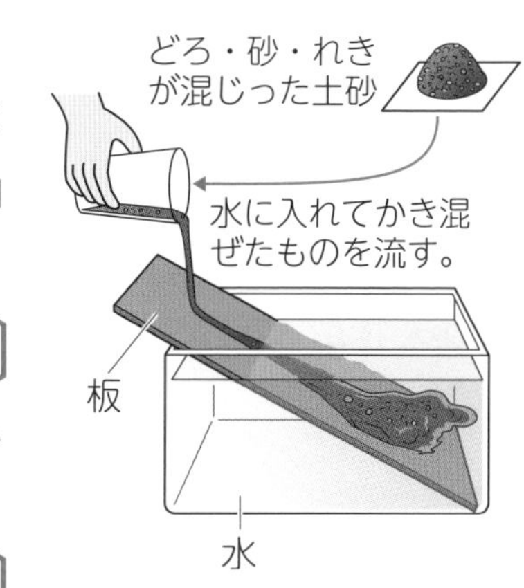

(1)　どろ，砂（すな），れきを，つぶが大きい順に書きましょう。〔　　　→　　　→　　　〕

(2)　実験の結果，土砂はどのように積もりますか。次のア～ウから選び，記号で答えましょう。〔　　　〕

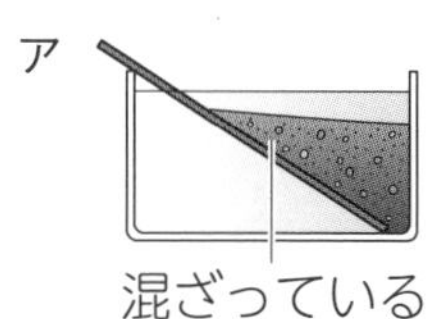

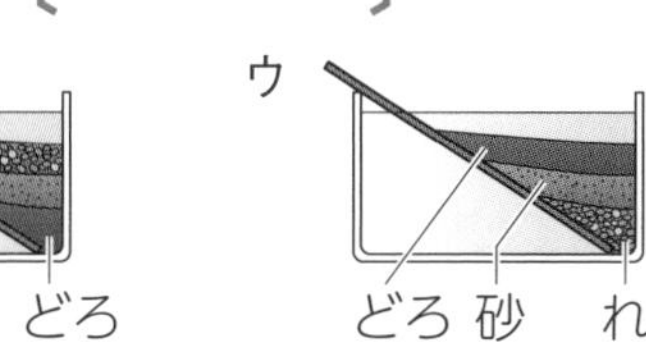

(3)　(2)から，河口付近では，どのように土砂が積もると考えられますか。次の㋐～㋒から選び，記号で答えましょう。〔　　　〕

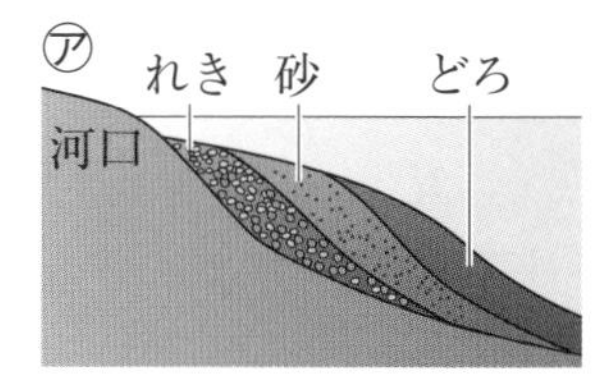

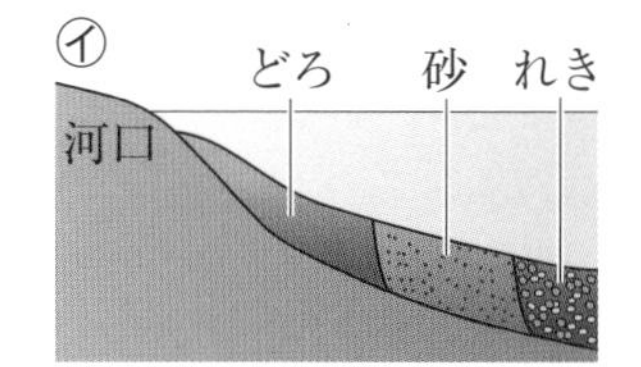

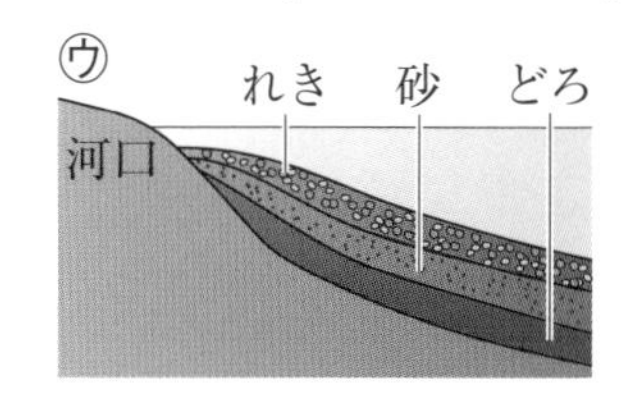

(4)　流れる水のはたらきでできた層にふくまれる土のつぶには，どのような特ちょうがありますか。〔　〕にあてはまる言葉を書きましょう。

●つぶの形が〔　　　　　　〕。

(5)　流れる水のはたらきでできた層にふくまれる土のつぶに，(4)のような特ちょうがある理由を簡単に説明しましょう。

〔　　　　　　　　　　　　　　　〕

(6)　積もった土砂が上の層の重みでおし固められると，岩石になります。でい岩は，どろ，砂，れきのどれがおし固められたものですか。〔　　　〕

学習日 月 日

27 てこって何？

★てこは，ものを動かすときに使われるもの！

棒のある１点を支えにして，棒の一部に力を加えることにより，ものを動かすことができるものを**てこ**といいます。支えにする点を**支点**，力を加える点を**力点**，ものを動かす点を**作用点**といいます。

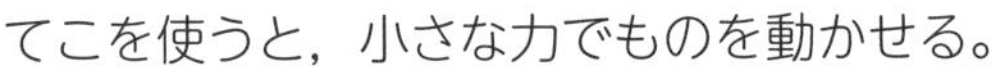
てこを使うと，小さな力でものを動かせる。

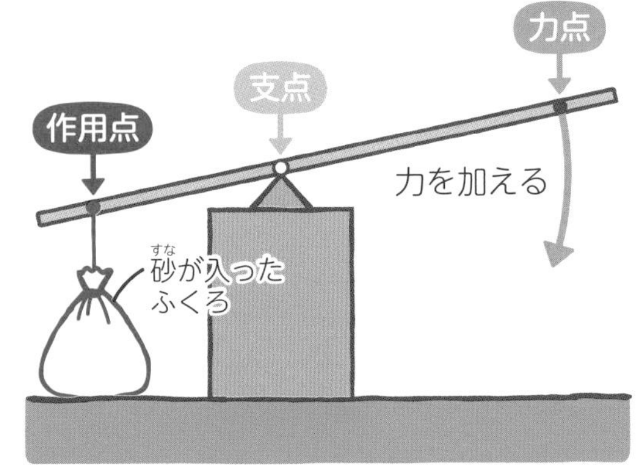

★より小さな力でものを動かすには？

てこを使ってものを動かすとき，支点や力点，作用点の位置を変えると，必要な力の大きさが変わります。支点から力点までのきょりが長いほど，また，支点から作用点までのきょりが短いほど，必要な力が小さくなります。

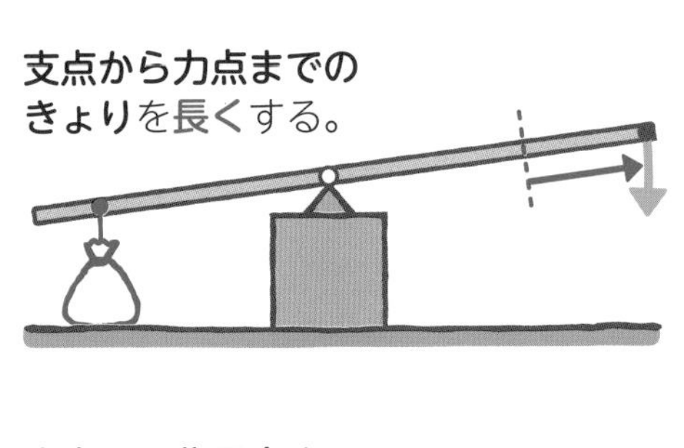

基本練習

答えは別冊9ページ

1 次の問いに答えましょう。

⑴ 棒のある1点を支えにして，棒の一部に力を加えてものを動かすことができるものを何といいますか。

〔　　　　　　〕

⑵ ⑴で，棒を支えるところを何といいますか。

〔　　　　　　〕

⑶ ⑴で，力を加えるところを何といいますか。

〔　　　　　　〕

⑷ ⑴で，ものを動かすところを何といいますか。

〔　　　　　　〕

2 右の図のように，てこを使って荷物を持ち上げます。

⑴ 荷物をつるす位置を㋐の向きに動かすと，必要な力の大きさはどうなりますか。

〔　　　　　　〕

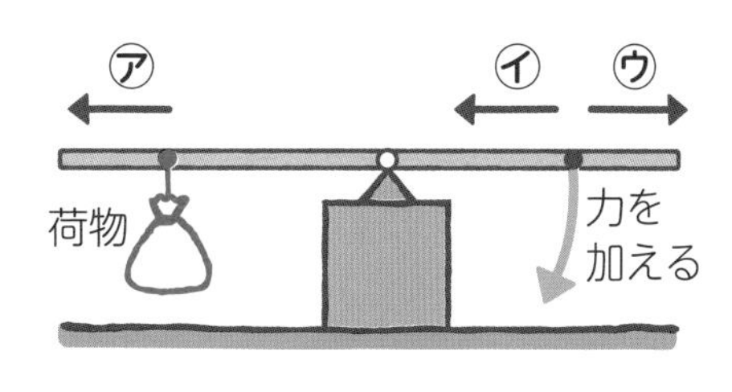

⑵ より小さな力で荷物を持ち上げるには，力を加える位置を㋑，㋒のどちらに動かせばよいですか。

〔　　　　　　〕

できなかった問題は，復習しよう。

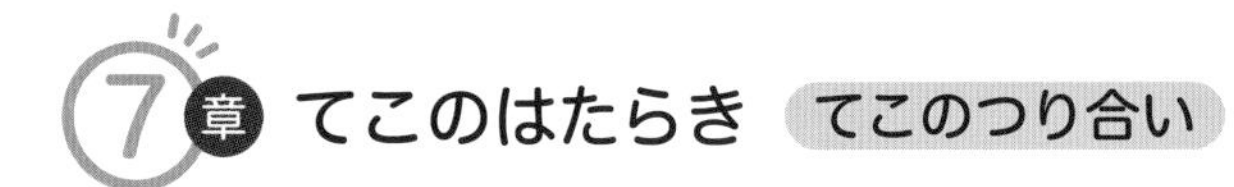

学習日　　月　　日

28 てこがつり合うってどういうこと？

★てこが水平で動かない＝「つり合っている」！

てこを使って荷物を持ち上げるとき，加える力の大きさによって，てこがかたむいたり，水平になったりします。てこが水平になっていて動かないとき，てこは**つり合っている**といいます。

てこをかたむけるはたらきは，荷物のほうが大きい。

てこをかたむけるはたらきは，同じ。

てこをかたむけるはたらきは，手のほうが大きい。

★てこをかたむけるはたらきは，きょりと重さに関係する！

実験用のてこの左うでだけにおもりをつるすと，左にかたむきます。右うでにつるすおもりの位置や数を変えていくと，てこをかたむけるはたらきは，**おもりの位置（支点からのきょり）とおもりの重さ（力の大きさ）**に関係することがわかります。

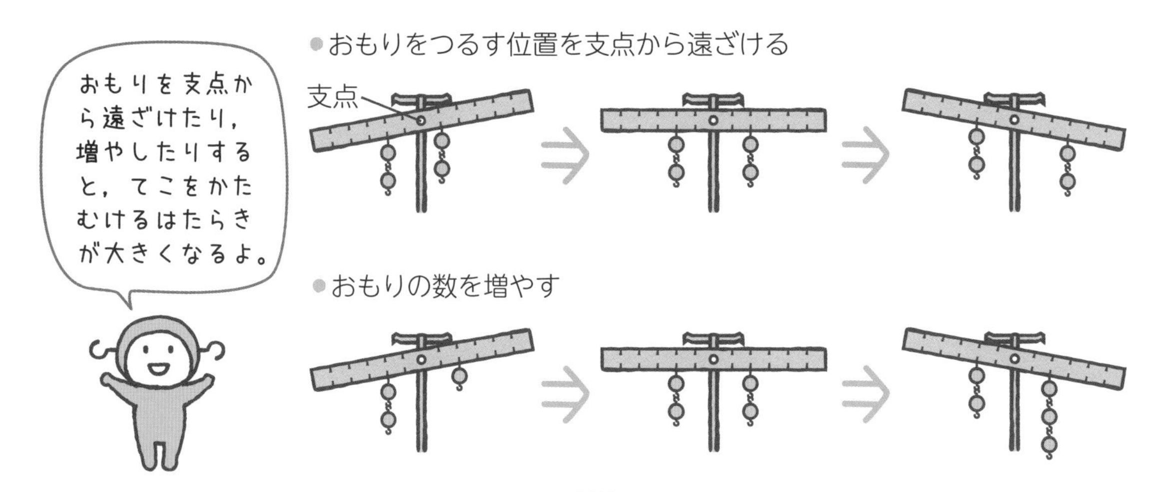

基本練習

答えは別冊９ページ

7章 てこのはたらき

1 次の問いに答えましょう。

⑴　てこが水平になっていて動かないとき，てこがどうなっているといいますか。

［　　　　　　］

⑵　実験用てこで，おもりをつるす位置を支点から遠ざけるほど，てこをかたむけるはたらきはどうなりますか。

［　　　　　　］

⑶　実験用てこで，つるすおもりの数を多くするほど，てこをかたむけるはたらきはどうなりますか。

［　　　　　　］

2 てこを使って荷物を持ち上げます。

⑴　てこがつり合っているのは，㋐と㋑のどちらですか。

［　　　　　　］

⑵　㋒で，てこをかたむけるはたらきが大きいのは，荷物と手のどちらですか。

［　　　　　　］

できなかった問題は，復習しよう。

29 てこはどういうときにつり合うの?

★てこをかたむけるはたらきが左右で同じなら，つり合う!

てこをかたむけるはたらきは，次の式で表すことができます。

おもりの重さ（力の大きさ）×おもりの位置（支点からのきょり）

この値（あたい）が左右で等しいとき，てこはつり合います。

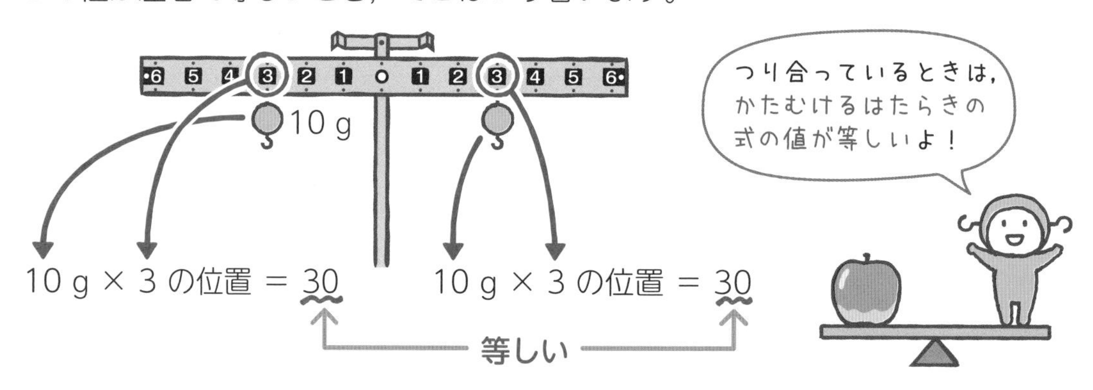

★てこがつり合うパターンは，1つとは限らない!

実験用てこでは，左右のうでの同じ位置に，同じ重さのおもりをつるせば，必ずつり合います。おもりをつるす位置が左右でちがうときも，おもりの重さによっては，つり合うことがあります。

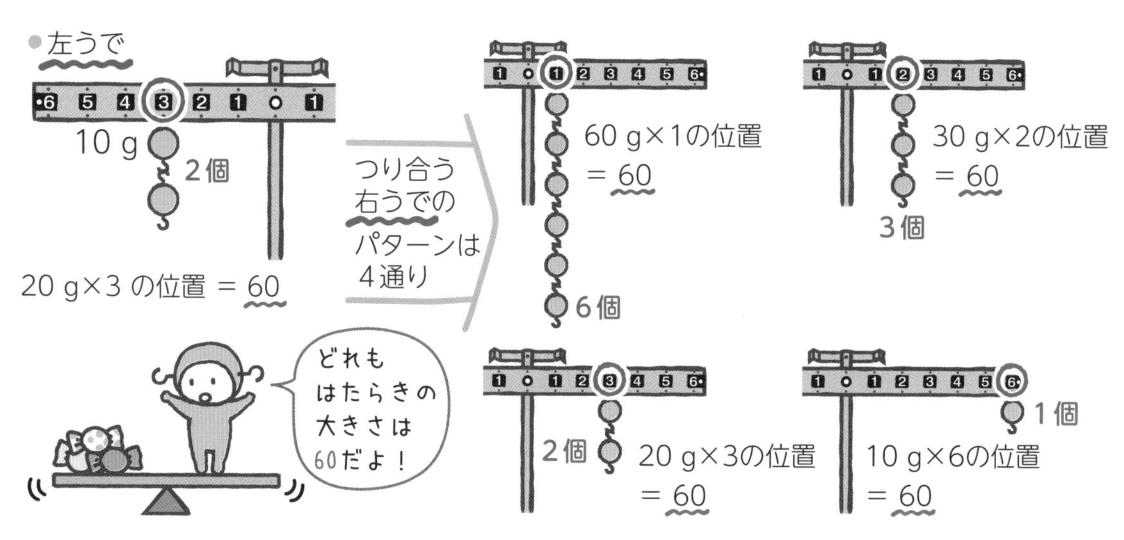

基本練習

答えは別冊10ページ

1 次の問いに答えましょう。

⑴　てこをかたむけるはたらきは，何と何の積で表すことができますか。

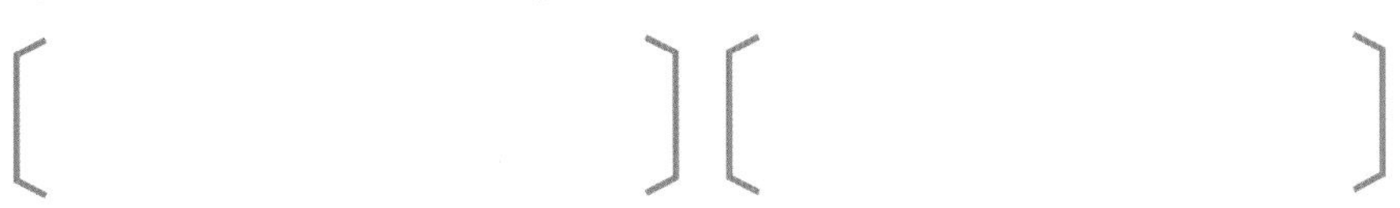

⑵　実験用てこの左うでの４の位置に，10 gのおもりをつるしました。右うでの４の位置に何gのおもりをつるすと，てこがつり合いますか。

〔　　　〕

⑶　実験用てこの左うでの５の位置に，20 gのおもりをつるしました。右うでのどの位置に20 gのおもりをつるすと，てこがつり合いますか。

〔　　　〕

2 右の図のように，実験用てこの左うでの４の位置に30 gのおもりをつるし，てこをかたむけました。

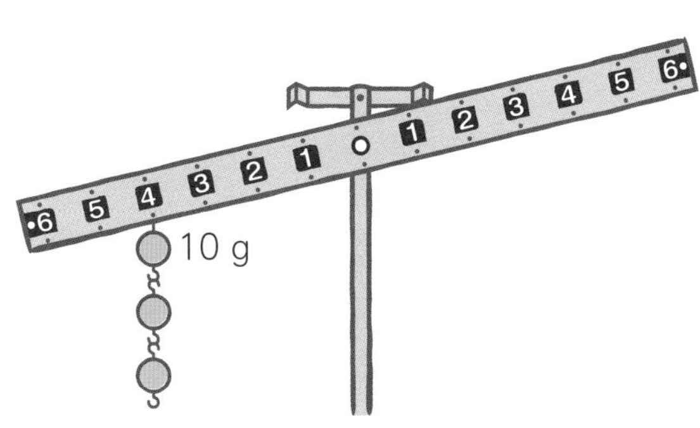

⑴　右うでの５の位置に20 gのおもりをつるすと，てこは次の**ア**～**ウ**のどのようになりますか。

ア　左にかたむいたまま。

イ　水平になる。

ウ　右にかたむく。

〔　　　〕

⑵　右うでの３の位置に何gのおもりをつるせば，てこがつり合いますか。

〔　　　〕

できなかった問題は，復習しよう。

30 てこはどのように使われているの？

★ペンチやせんぬきは，小さな力で大きなはたらきをする！

ペンチやせんぬきなどは，力点(りきてん)で加えた力よりも，作用点(さようてん)ではたらく力のほうが大きくなります。そのため，小さな力を加えるだけで，作用点で大きな力をはたらかせることができます。このような道具では，**支点**(してん)や**作用点**が中にあります。

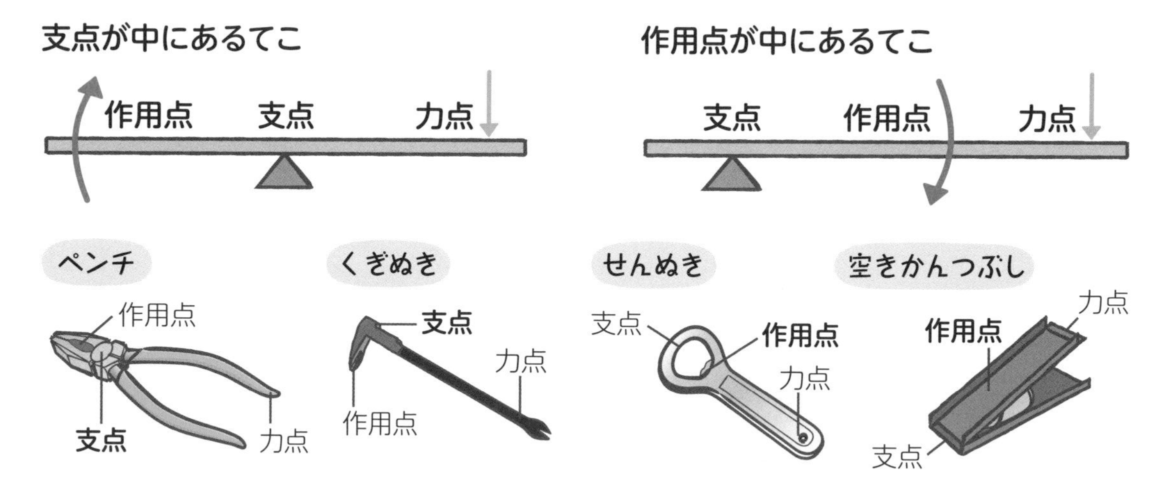

★ピンセットは，はたらく力を小さくする。

ピンセットやトングなどは，力点で加えた力よりも，作用点ではたらく力のほうが小さくなります。そのため，作用点ではたらかせる力の大きさを細かく調整することができます。このような道具では，**力点**が中にあります。

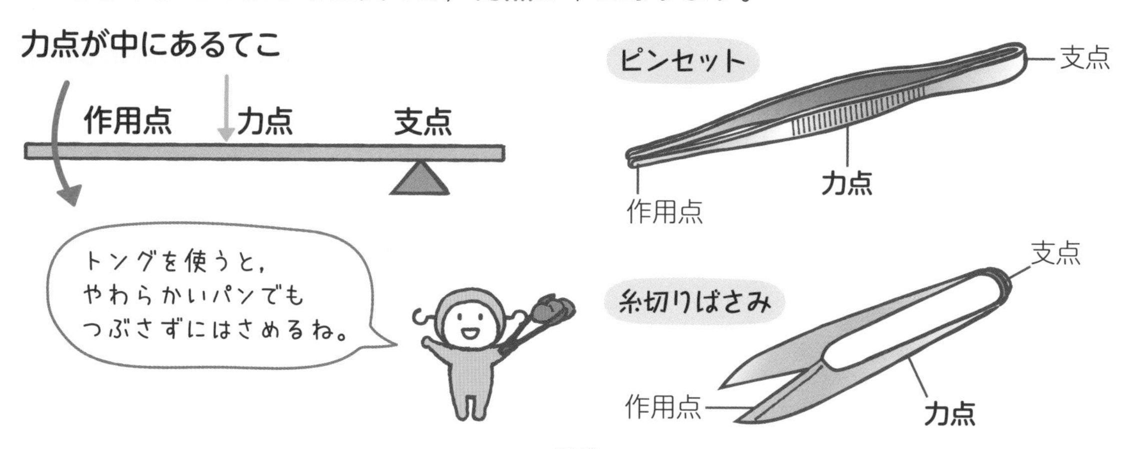

基本練習

答えは別冊10ページ

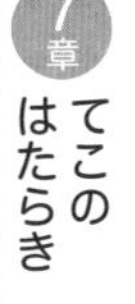

1 次の問いに答えましょう。

(1) ペンチやくぎぬきは，支点，力点，作用点のうちのどれが中にありますか。

〔　　　　　〕

(2) せんぬきや空きかんつぶしは，支点，力点，作用点のうちのどれが中にありますか。

〔　　　　　〕

(3) ピンセットやトングは，支点，力点，作用点のうちのどれが中にありますか。

〔　　　　　〕

2 くぎぬきを使います。

(1) 右の図の㋐と㋑では，どちらのほうが小さな力でくぎをぬけますか。

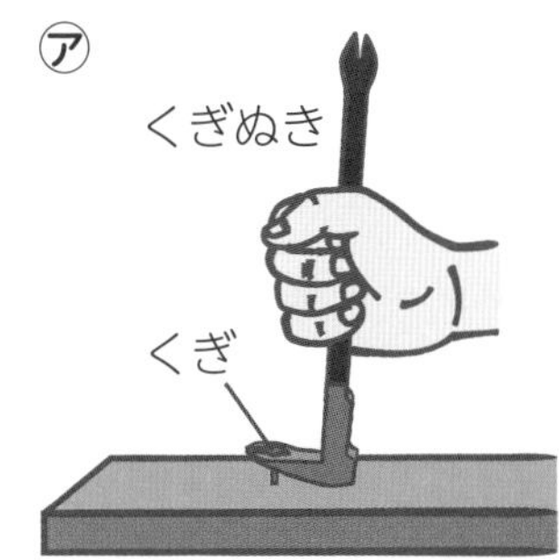

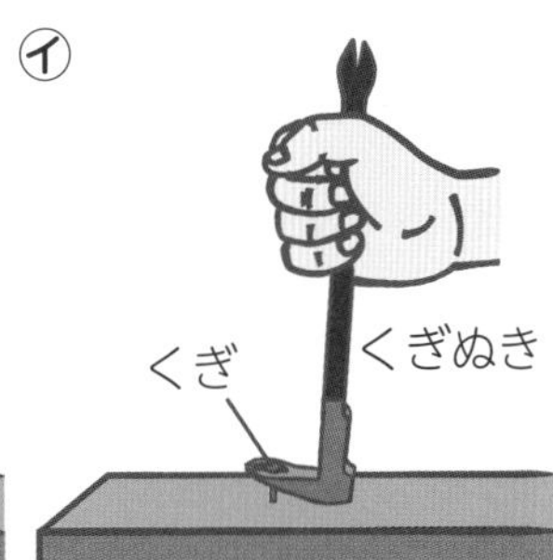

(2) (1)のようになる理由を説明します。①，②にあてはまる言葉を書きましょう。

●支点から（　①　）までのきょりが（　②　）なるから。

①〔　　　　　〕

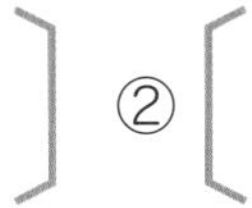
②〔　　　　　〕

できなかった問題は，復習しよう。

復習テスト 7

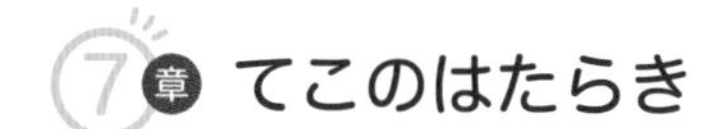

1

右の図は，てこを使ってふくろを持ち上げているようすです。次の問いに答えましょう。【各5点　計30点】

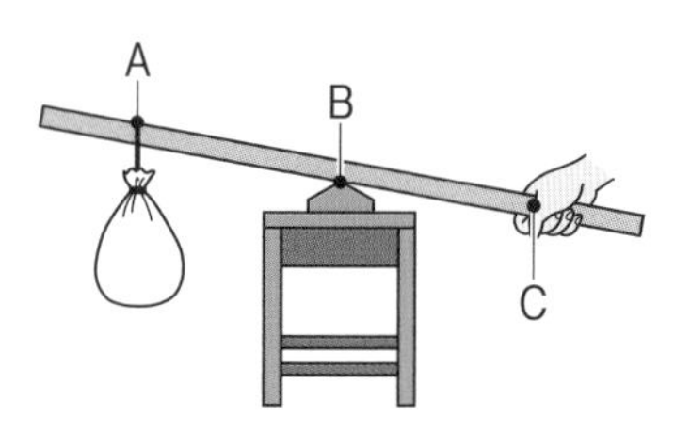

(1) 図のてこは，つり合っていますか，つり合っていませんか。

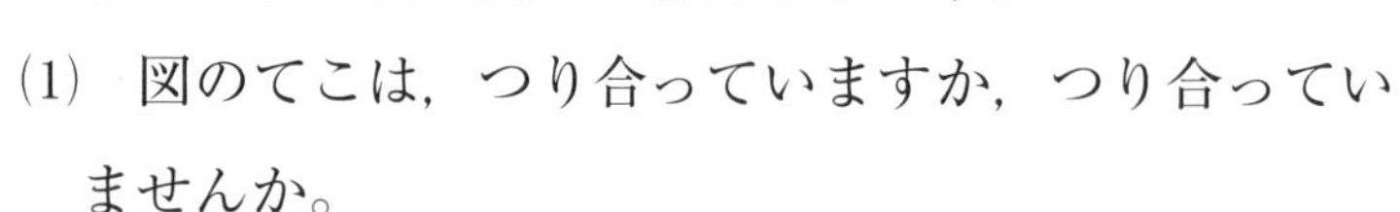

［　　　　　　　　］

(2) 図のA～Cのところを，それぞれ何といいますか。

A［　　　　］　B［　　　　］　C［　　　　］

(3) てこを水平にするには，てこをおす力の大きさをどうすればよいですか。

［　　　　］

(4) 図のときより楽にふくろを持ち上げるには，どうすればよいですか。次のア～カからすべて選び，記号で答えましょう。［　　　　］

ア　AをBに近づける。　　イ　AをBから遠ざける。

ウ　CをBに近づける。　　エ　CをBから遠ざける。

オ　AとCの位置はそのままにして，BをAに近づける。

カ　AとCの位置はそのままにして，BをCに近づける。

2

図のように，実験用てこの左うでの3の位置に50 gのおもりをつるしました。次の問いに答えましょう。【各10点　計20点】

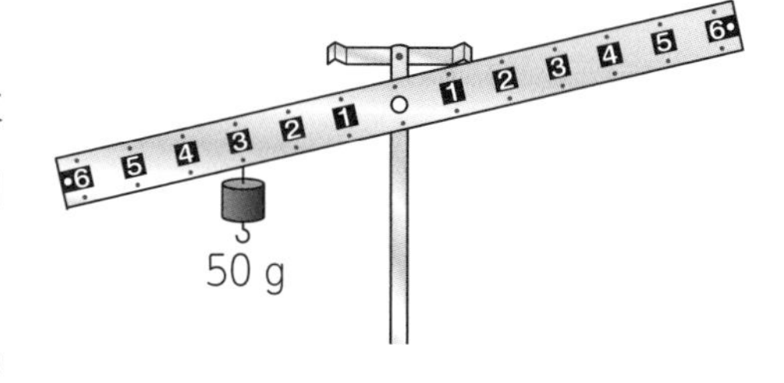

(1) 右うでの3の位置におもりをつるして，てこをつり合わせます。何gのおもりをつるせばよいですか。［　　　　］

(2) 右うでの1か所に，1個10 gのおもりを3個つるして，てこをつり合わせます。どの位置につるせばよいですか。［　　　　］

答えは別冊17ページ

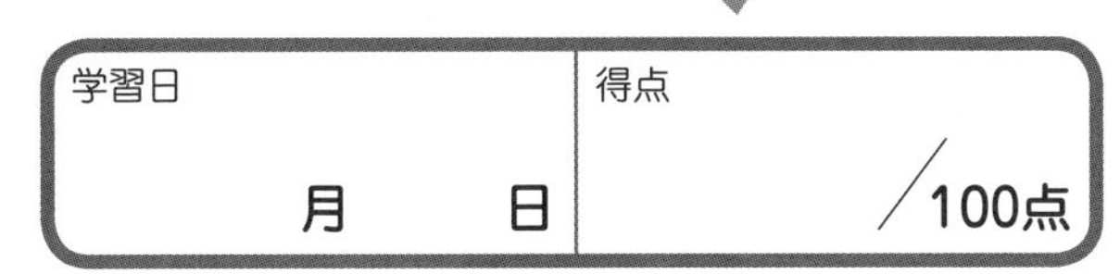

3

図のように，実験用てこの左右のうでに，1個10 gのおもりをつるしました。次の問いに答えましょう。【各10点　計30点】

(1) 手をはなすと，てこは左右のどちらにかたむきますか。〔　　　〕

(2) 手をはなした後，てこをつり合わせるには，どうすればよいですか。次のア～エからすべて選び，記号で答えましょう。〔　　　〕

ア　左うでのおもりを4の位置に動かす。

イ　左うでの2の位置に，1個10 gのおもりを2個追加する。

ウ　右うでのおもりを3の位置に動かす。

エ　右うでのおもりを1個とる。

(3) 手をはなした後，図のてこに，10 gのおもりをもう1個つるして，てこをつり合わせます。どの位置につるせばよいですか。「左の1」「右の3」のように答えましょう。〔　　　〕

4

てこを利用した道具について，次の問いに答えましょう。【各10点　計20点】

(1) 力点(りきてん)が支点(してん)と作用点(さようてん)の間にあるものを，次のア～オからすべて選び，記号で答えましょう。〔　　　〕

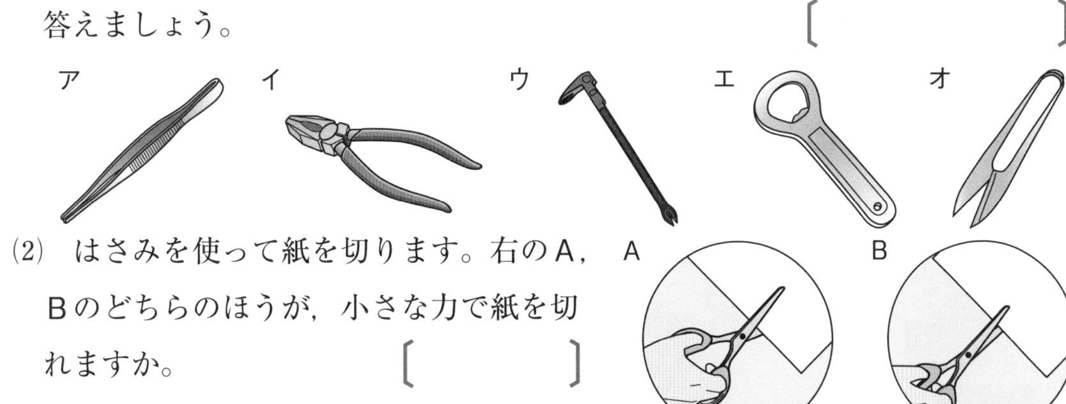

(2) はさみを使って紙を切ります。右のA，Bのどちらのほうが，小さな力で紙を切れますか。〔　　　〕

31 とけたものをとり出すにはどうする？

★食塩水から水を蒸発させると，食塩が出てくる！

5年で学習したように，水よう液にとけているものは，水の量を減らしたり，温度を下げたりすると出てきます。食塩水や石灰水，重そう水を加熱して水を蒸発させると，とけていた**白い固体**が出てきます。

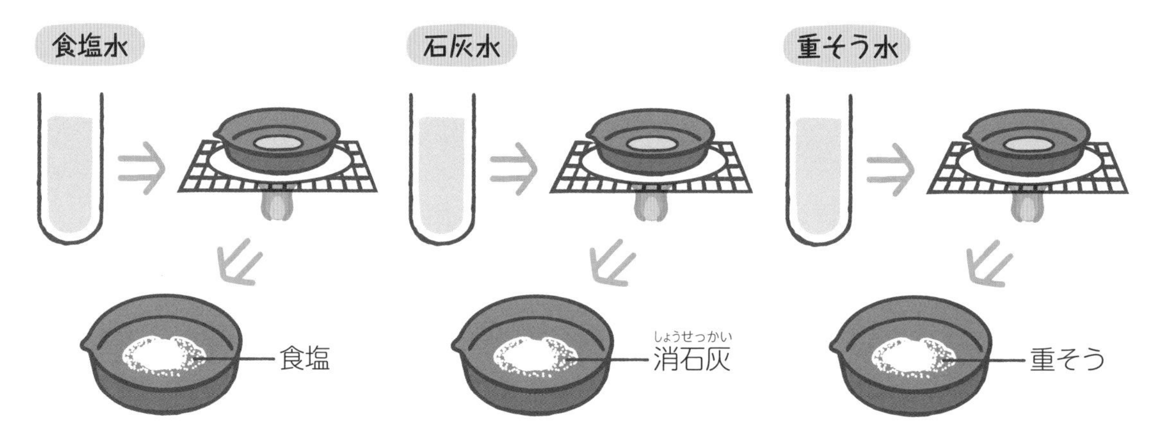

★何も残らなかった水よう液には，気体がとけている！

炭酸水や塩酸，アンモニア水を加熱して水を蒸発させても，蒸発皿には何も残りません。これは，炭酸水や塩酸，アンモニア水にとけているものが**気体**で，水蒸気といっしょに空気中ににげていくからです。

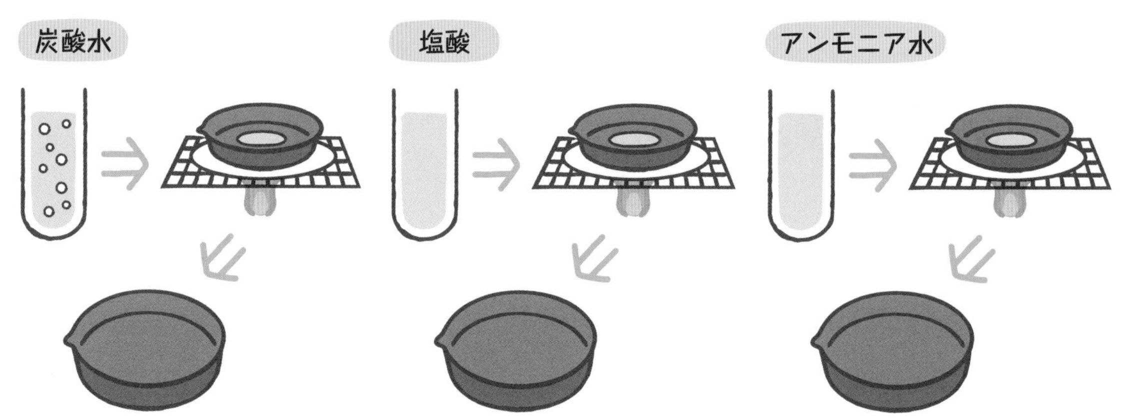

基本練習

答えは別冊10ページ

8章 水よう液の性質

1 次の問いに答えましょう。

⑴ 食塩水から水を蒸発させると，蒸発皿には何が残りますか。

〔　　　　　　〕

⑵ 塩酸から水を蒸発させると，蒸発皿に固体が残りますか。

〔　　　　　　〕

⑶ 水を蒸発させたときに何も残らない水よう液にとけているのは，固体と気体のどちらですか。

〔　　　　　　〕

2 アンモニア水，石灰水，炭酸水を，それぞれ蒸発皿にとって加熱し，水を蒸発させました。

⑴ 蒸発皿にとる前にあわが出ていたのは，どの水よう液ですか。

〔　　　　　　〕

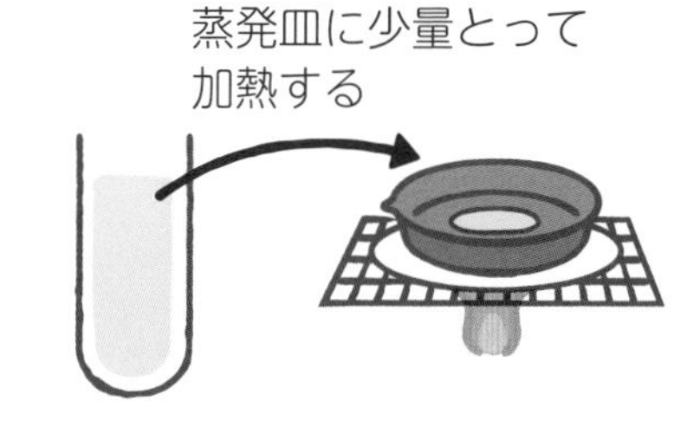

⑵ 加熱後，蒸発皿に何も残らなかったのは，どの水よう液ですか。すべて書きましょう。

〔　　　　　　〕

⑶ ⑵のようになったのは，水よう液にとけていたものがどうなったからですか。

〔　　　　　　〕

できなかった問題は，復習しよう。

学習日　月　日

32 炭酸水には何がとけているの?

★炭酸水には，二酸化炭素がとけている!

炭酸水にとけている気体が何なのか，**石灰水**(せっかいすい)などで調べると，とけているものが**二酸化炭素**であることがわかります。つまり，炭酸水は二酸化炭素の水よう液です。また，二酸化炭素を水にとかすこともできます。

気体を集める

火のついた線こうを入れる

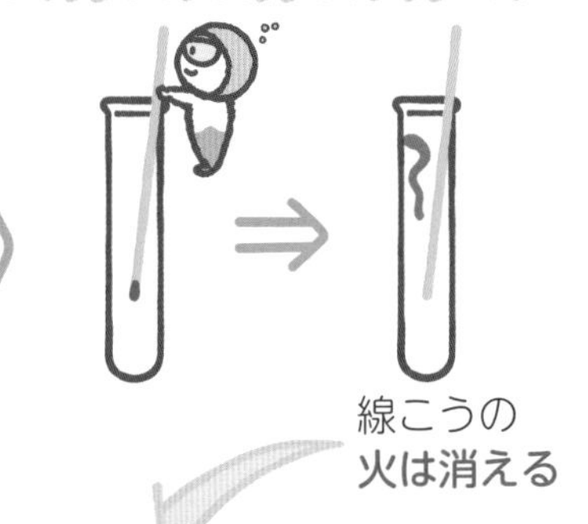

石灰水で調べる

石灰水を入れてふる

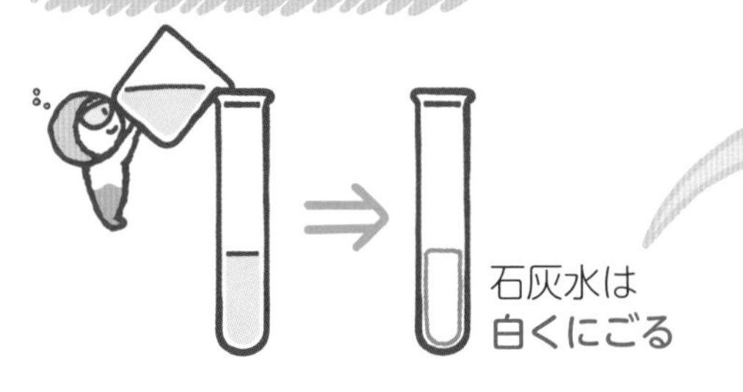

この2つの結果から，集めた気体は二酸化炭素だということがわかる。

二酸化炭素を水にとかす

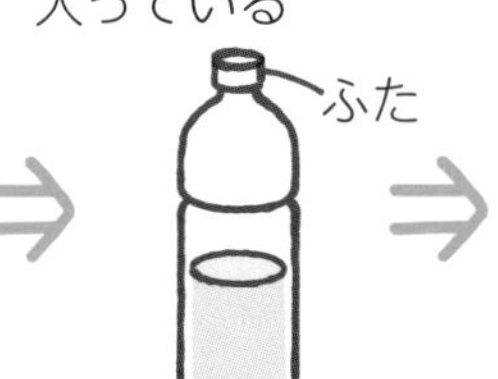

基本練習

答えは別冊10ページ

1 次の問いに答えましょう。

(1) 二酸化炭素の水よう液を何といいますか。

〔　　　　　　　　〕

(2) 塩酸にとけている気体は何ですか。

〔　　　　　　　　〕

(3) アンモニア水にとけている気体は何ですか。

〔　　　　　　　　〕

2 炭酸水から出てくるあわ（気体）を，試験管に集めました。

(1) 気体を集めた試験管に石灰水を入れてよくふると，石灰水はどうなりますか。

〔　　　　　　　　〕

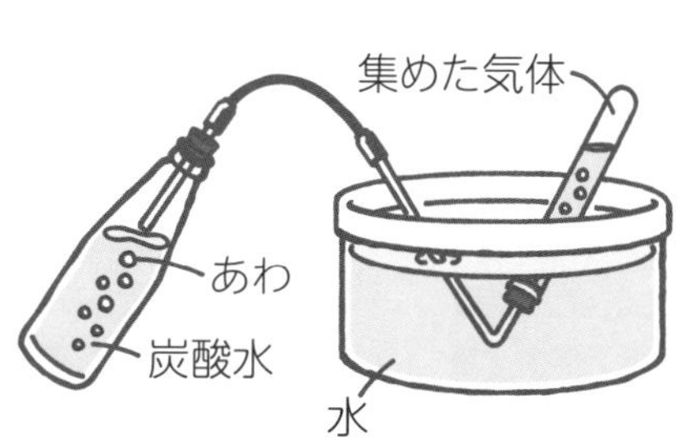

(2) 気体を集めた試験管に火のついた線こうを入れると，線こうの火はどうなりますか。

〔　　　　　　　　〕

(3) 炭酸水から出てくるあわ（気体）は何ですか。

〔　　　　　　　　〕

できなかった問題は，復習しよう。

学習日 月 日

33 酸性・中性・アルカリ性って何？

★水よう液は，リトマス紙を使ってなかま分けできる！

リトマス紙には赤色と青色の２種類があります。青色リトマス紙を赤色にする水よう液の性質を**酸性**，赤色リトマス紙を青色にする水よう液の性質を**アルカリ性**といい，どちらのリトマス紙の色も変化させない水よう液の性質を**中性**といいます。

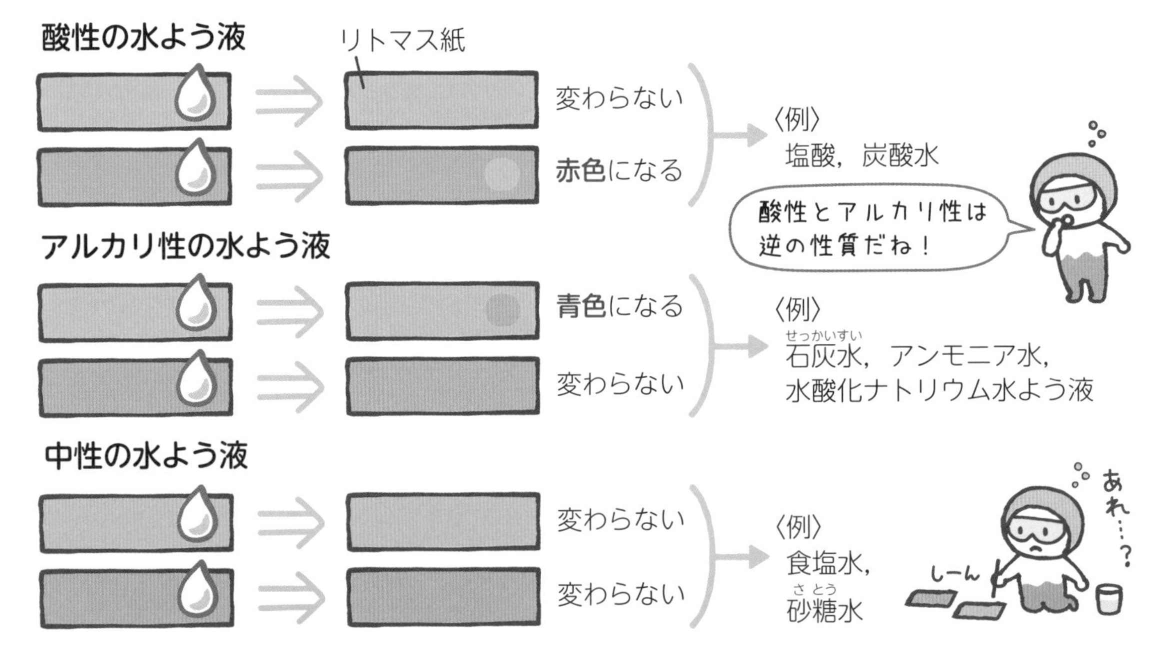

★植物のしるでも，酸性・中性・アルカリ性を調べられる！

ムラサキキャベツの葉のしるでつくった液や**BTB液**などを使っても，水よう液が酸性・中性・アルカリ性のどれであるかを調べることができます。

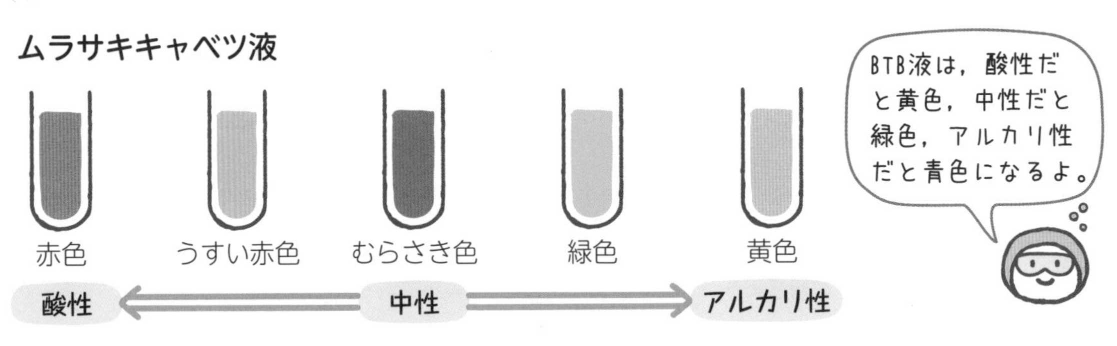

基本練習

答えは別冊11ページ

1 次の問いに答えましょう。

(1) 青色リトマス紙に酸性の水よう液をつけると，何色になりますか。

［　　　　　　］

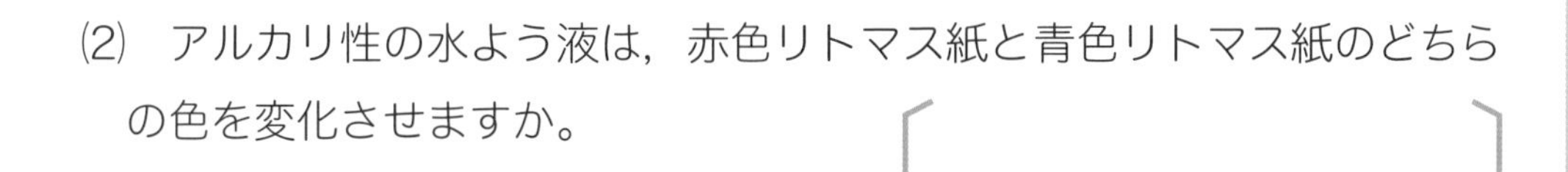

(2) アルカリ性の水よう液は，赤色リトマス紙と青色リトマス紙のどちらの色を変化させますか。

［　　　　　　］

(3) 赤色リトマス紙の色も青色リトマス紙の色も変化させない水よう液の性質を何といいますか。

［　　　　　　］

2 次の㋐～㋕の水よう液の性質を調べます。

㋐ 石灰水　㋑ 食塩水　㋒ アンモニア水
㋓ 炭酸水　㋔ 砂糖水　㋕ 塩酸

(1) 中性の水よう液を，㋐～㋕からすべて選びましょう。

［　　　　　　］

(2) 赤色リトマス紙の色を青色に変える水よう液を，㋐～㋕からすべて選びましょう。

［　　　　　　］

(3) BTB 液に入れたときの色の変化が塩酸と同じ水よう液を，㋐～㋔から1つ選びましょう。

［　　　］

できなかった問題は，復習しよう。

学習日　　月　　日

34 金属をとかす水よう液ってあるの？

★塩酸は，アルミニウムや鉄をとかす！

アルミニウムや鉄などの金属に**塩酸**を加えると，金属があわを出しながらとけていきます。しかし，炭酸水を加えても，金属には変化が見られません。このように，酸性の水よう液には，金属をとかすものがあります。

	塩酸	炭酸水
アルミニウム	あわを出しながらとけ，やがて見えなくなる。	変化が見られず，とけない。
鉄	あわを出しながらとけ，やがて見えなくなる。	変化が見られず，とけない。

★塩酸以外にも，金属をとかす水よう液がある！

水酸化ナトリウム水よう液にアルミニウムや鉄を入れると，アルミニウムはとけますが，鉄はとけません。このように，アルカリ性(せい)の水よう液にも，金属をとかすものがあります。食塩水など，中性(ちゅうせい)の水よう液は，金属をとかしません。

基本練習

答えは別冊11ページ

1 次の問いに答えましょう。

(1) アルミニウムや鉄などの金属に塩酸を加えると，金属はどうなりますか。

〔　　　　　　　　　〕

(2) 水酸化ナトリウム水よう液にとけるのは，アルミニウムと鉄のどちらですか。

〔　　　　　　　　　〕

(3) 中性の水よう液に，金属をとかすはたらきはありますか。

〔　　　　　　　　　〕

2 ビーカーA～Cには，塩酸，水酸化ナトリウム水よう液，食塩水のどれかが入っています。それぞれの水よう液を試験管にとり，アルミニウムはくやスチールウール（鉄）を入れると，次の表のようになりました。ビーカーA～Cに入っている水よう液は，それぞれ何ですか。

	A	B	C
アルミニウムはく	とけなかった。	あわを出しながらとけた。	あわを出しながらとけた。
スチールウール	とけなかった。	とけなかった。	あわを出しながらとけた。

A〔　　　　　　　　　〕

B〔　　　　　　　　　〕

C〔　　　　　　　　　〕

できなかった問題は，復習しよう。

35 とけた金属はどうなるの？

★とけたアルミニウムは，別のものに変化している！

塩酸にアルミニウムをとかした液を加熱して水を蒸発(じょうはつ)させると，**白色の固体**が出てきます。見た目や，塩酸や水を加えたときのようすから，出てきた固体は，もとのアルミニウムとは別のものであることがわかります。

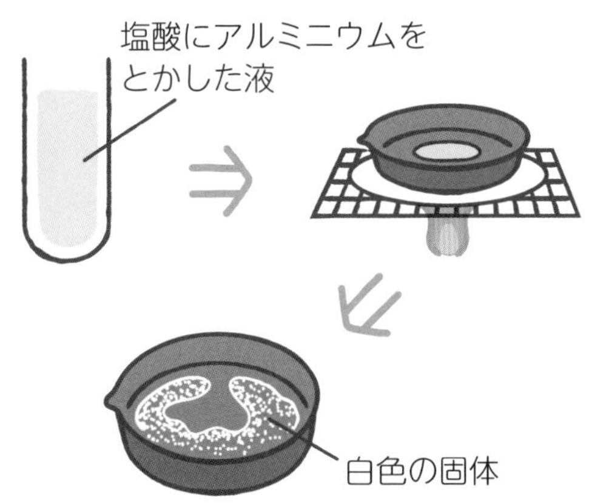

	アルミニウム	出てきた固体
見た目	うすい銀色で，つやがある。	白色で，つやがない。
塩酸を加えたとき	あわを出しながらとける。	あわを出さずにとける。
水を加えたとき	とけない。	あわを出さずにとける。

★とけた鉄も，別のものに変化している！

塩酸に鉄をとかした液を加熱して水を蒸発させると，**うすい黄色の固体**が出てきます。見た目や，塩酸や水を加えたときのようす，磁石(じしゃく)への引きつけられ方から，出てきた固体は，もとの鉄とは別のものであることがわかります。

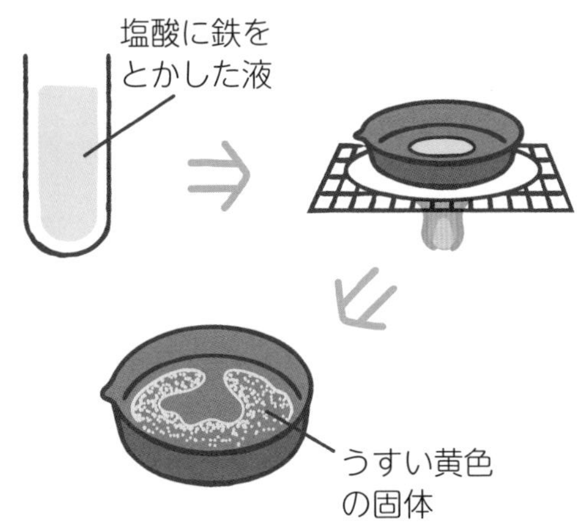

	鉄	出てきた固体
見た目	こい銀色。	うすい黄色で，つやがない。
塩酸を加えたとき	あわを出しながらとける。	あわを出さずにとける。
水を加えたとき	とけない。	あわを出さずにとける。
磁石に近づけたとき	引きつけられる。	引きつけられない。

水よう液には，金属を別のものに変化させるものがあるんだね。

基本練習

答えは別冊11ページ

1 次の問いに答えましょう。

⑴　塩酸にアルミニウムをとかした液から水を蒸発させると，何色の固体が出てきますか。

〔　　　　　　〕

⑵　⑴の固体は，水にとけますか。

〔　　　　　　〕

⑶　⑴の固体は，もとのアルミニウムと同じものですか，ちがうものですか。

〔　　　　　　〕

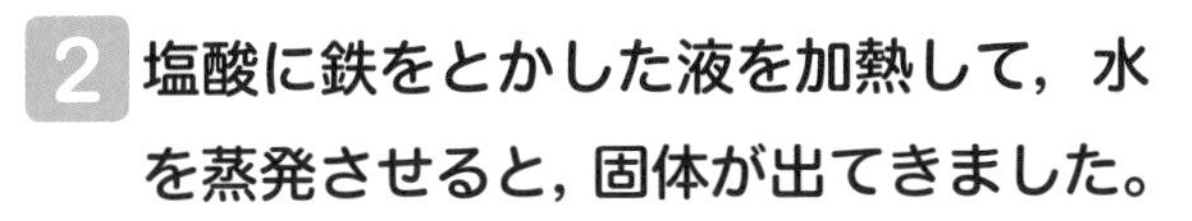

2 塩酸に鉄をとかした液を加熱して，水を蒸発させると，固体が出てきました。

塩酸に鉄をとかした液

⑴　出てきた固体は，何色ですか。

〔　　　　　　〕

⑵　①塩酸を加えるとあわを出しながらとける，②磁石に引きつけられるのは，鉄と出てきた固体のどちらですか。

①〔　　　　　　〕　②〔　　　　　　〕

⑶　出てきた固体は，もとの鉄と同じだといえますか。

〔　　　　　　〕

できなかった問題は，復習しよう。

復習テスト 8

1

ビーカーA～Eには，塩酸，炭酸水，石灰水（せっかいすい），アンモニア水，食塩水のどれかが入っています。それぞれの水よう液をリトマス紙につけたり，加熱して水を蒸発（じょうはつ）させたりして，結果を表にまとめました。あとの問いに答えましょう。

【(1)は10点 (4)は各５点 ほかは各８点 計49点】

水よう液	A	B	C	D	E
赤色リトマス紙につけたとき	変化しなかった。	青色に変化した。	青色に変化した。	変化しなかった。	変化しなかった。
青色リトマス紙につけたとき	赤色に変化した。	変化しなかった。	変化しなかった。	変化しなかった。	赤色に変化した。
水を蒸発させたとき	何も残らなかった。	何も残らなかった。	白い固体が残った。	白い固体が残った。	何も残らなかった。

(1) リトマス紙で調べるとき，水よう液を変えるたびにガラス棒（ぼう）を水で洗（あら）うのはなぜですか。

［　　　　　　　　　　　　　　　　　　　　］

(2) 赤色リトマス紙を青色に変化させるのは，何性の水よう液ですか。

［　　　　　］

(3) 水を蒸発させたとき，何も残らなかった水よう液には，固体と気体のどちらがとけていますか。

［　　　　　］

(4) ビーカーB，C，Dに入っている水よう液は何ですか。

B［　　　　　］ C［　　　　　］ D［　　　　　］

(5) ビーカーAとEに入っている水よう液を見分けるためには，さらにどのような実験を行えばよいですか。次のア～ウからすべて選び，記号で答えましょう。

［　　　　　］

ア　手であおいで，水よう液のにおいをかぐ。

イ　水よう液を試験管にとり，BTB（ビーティービー）液を加える。

ウ　水よう液を試験管にとり，スチールウールを入れる。

答えは別冊17ページ

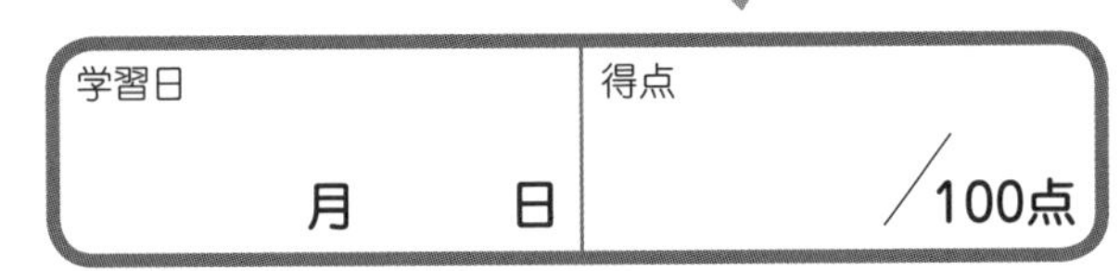

2

図1のように，水の入ったペットボトルに，二酸化炭素を入れてよくふると，ペットボトルは図2のようにへこみました。次の問いに答えましょう。【各10点　計20点】

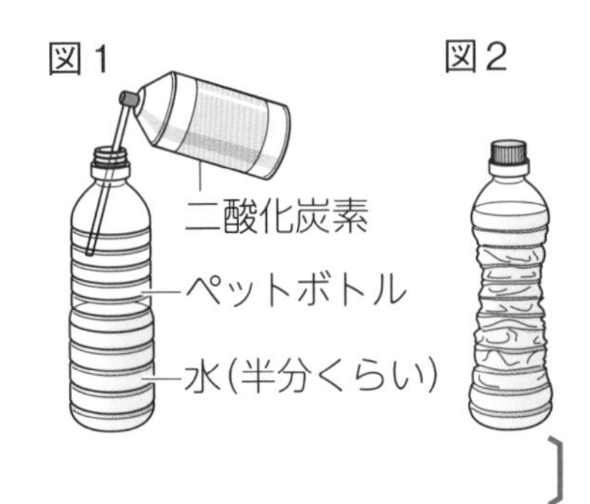

(1) ペットボトルがへこんだのは，なぜですか。

[　　　　　　　　　　　　　　　　　　　　　　　]

(2) 図2のペットボトルの液を試験管にとり，石灰水を加えると，どうなりますか。

[　　　　　　　　　　　　]

3

アルミニウムに塩酸を加えると，あわを出しながらとけました。この液を，右の図のように加熱して水を蒸発させると，蒸発皿には白色の固体が残りました。次の問いに答えましょう。【(3)は5点　(4)は10点　ほかは各8点　計31点】

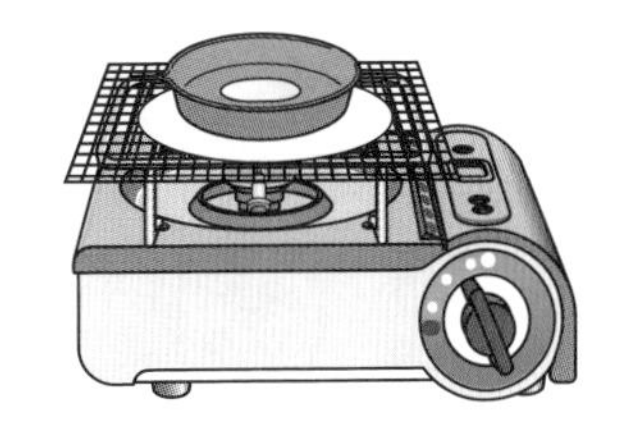

(1) 塩酸のようにアルミニウムをとかす水よう液を，次のア～ウから選び，記号で答えましょう。[　　　]

ア　食塩水　　イ　炭酸水　　ウ　水酸化ナトリウム水よう液

(2) 蒸発皿に残った固体を試験管にとり，塩酸を加えると，どうなりますか。次のア～ウから選び，記号で答えましょう。[　　　]

ア　とけない。　イ　あわを出しながらとける。　ウ　あわを出さずにとける。

(3) 蒸発皿に残った固体は，次のア，イのどちらですか。[　　　]

ア　アルミニウム　　イ　アルミニウムではない別のもの

(4) 塩酸をふくむ洗(せん)ざいには，金属製品には使ってはいけないという注意書きがあるのはなぜですか。[　]にあてはまる言葉を書きましょう。

●塩酸は，金属をとかして[　　　　　　　　]から。

学習日 月 日

36 電気はどうやってつくるの？

★モーターのじくを回すと，電気がつくられる！

手回し発電機の中には，**モーター**が入っています。ハンドルを回すと，モーターのじくが回って電気がつくられ，電流をとり出すことができます。ハンドルを回す向きや速さを変えると，とり出せる電流の向きや大きさが変わります。

ハンドルを回す ⇒ プロペラが回る

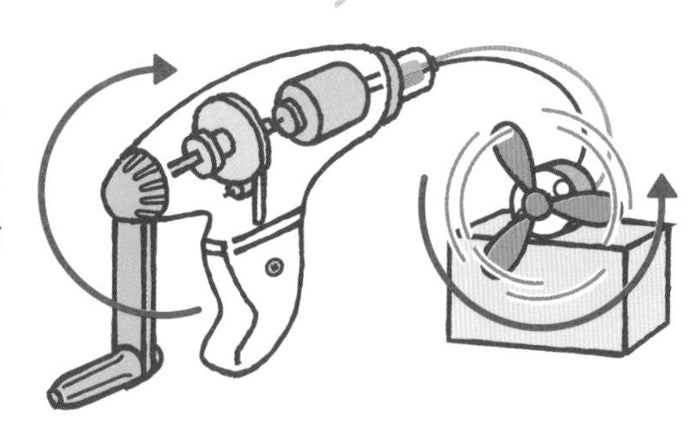

ハンドルを**逆に**回す ⇒ プロペラは**逆に**回る　ハンドルを**速く**回す ⇒ プロペラは**速く**回る

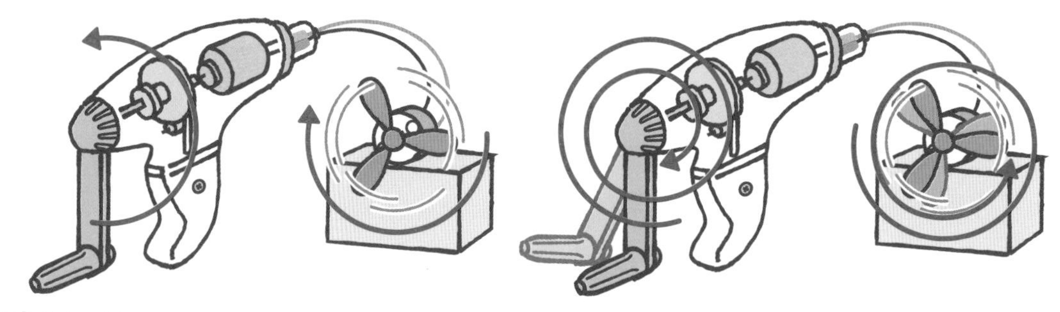

★光電池（こうでんち）に光を当てても，電気がつくられる！

光電池に光を当てると電気がつくられ，電流をとり出すことができます。光電池をつなぐ向きや，当てる光の強さを変えると，とり出せる電流の向きや大きさが変わります。

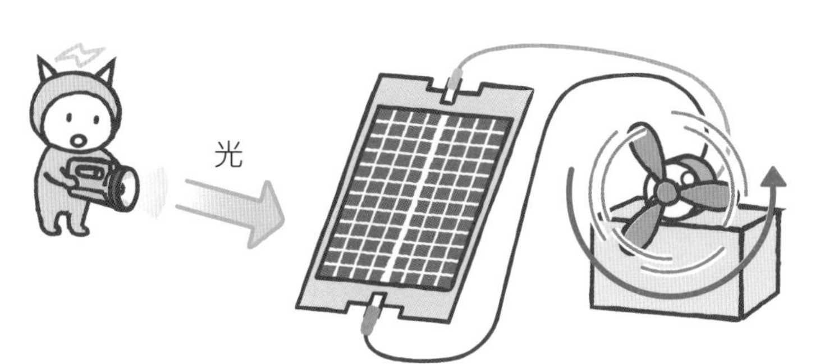

光電池をつなぐ向きを**逆に**する
⇒ プロペラは**逆に**回る

光電池に当てる光を**強く**する
⇒ プロペラは**速く**回る

基本練習

➡ 答えは別冊11ページ

1 次の問いに答えましょう。

⑴　手回し発電機のハンドルを回すと，中に入っている何のじくが回転して，電気がつくられますか。

〔　　　　　　　　〕

⑵　手回し発電機のハンドルを逆向きに回すと，とり出せる電流の向きはどうなりますか。

〔　　　　　　　　〕

⑶　光を当てると電気をつくることができるものを何といいますか。

〔　　　　　　　　〕

⑷　⑶に当てる光を強くすると，とり出せる電流の大きさはどうなりますか。

〔　　　　　　　　〕

2 手回し発電機に豆電球と簡易検流計をつなぎ，ハンドルを回したところ，豆電球が光り，簡易検流計の針が右にふれました。

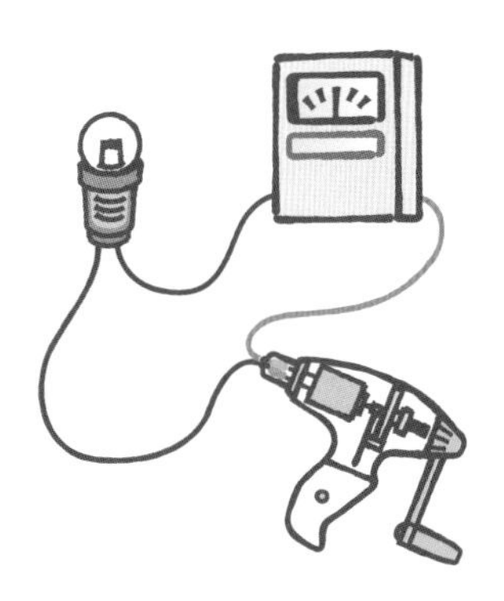

⑴　ハンドルを逆向きに回すと，針は左・右のどちらにふれますか。

〔　　　　〕

⑵　ハンドルを回す速さを速くすると, 豆電球の光り方はどうなりますか。

〔　　　　　　　　〕

できなかった問題は，復習しよう。

学習日　月　日

37 発電方法にはどんなものがあるの？

★発電所では，水や風の力で発電機を回して発電する!

発電所の発電機には，タービンやプロペラがついています。**水蒸気**（すいじょうき）や**風**，**水**の力でタービンやプロペラなどを回すと，発電機も回り，電気がつくられます。

タービンは，手回し発電機のハンドルと同じはたらきをしているんだね。

発電のしくみ

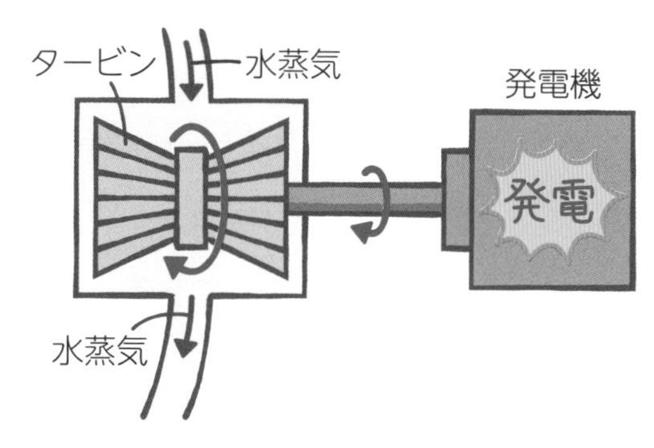

水力発電

→ダムにためた水を落として水車を回す。

風力発電

→風の力を使ってプロペラを回す。

地熱発電

→マグマの熱を利用。

火力発電・原子力発電

→石炭を燃やした熱やウランから出る熱で水蒸気をつくる。

波力発電

→波の力を利用。

★太陽光発電では，光電池（こうでんち）を使って発電する!

太陽光発電では，太陽光パネルとよばれる大きな光電池に**日光**を当てて発電します。水力発電や火力発電などの発電機を使った発電方法とは，しくみがまったくちがいます。

太陽光発電や風力発電，地熱発電，波力発電などは，最近注目されているね。

基本練習

答えは別冊12ページ

1 次の問いに答えましょう。

⑴　ダムにためた水を落として水車を回す発電方法を何といいますか。

〔　　　　　　　　〕

⑵　原子力発電では，ウランから出る熱で何をつくって，タービンを回していますか。

〔　　　　　　　　〕

⑶　風の力を使ってプロペラを回す発電方法を何といいますか。

〔　　　　　　　　〕

⑷　太陽光発電では，大きなパネルに何を当てて発電しますか。

〔　　　　　　　　〕

2 右の図は，火力発電で発電するようすを表しています。

⑴　火力発電では，石炭などを燃やしてつくった㋐でタービンを回します。㋐は何ですか。

〔　　　　　　　　〕

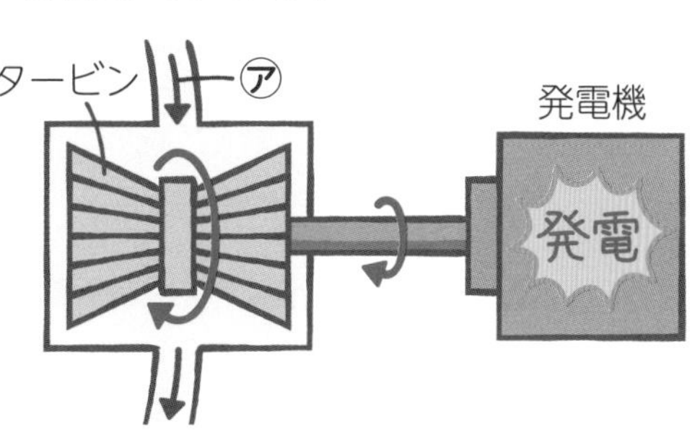

⑵　タービンは，手回し発電機の何と同じはたらきをしていますか。

〔　　　　　　　　〕

できなかった問題は，復習しよう。

学習日 月 日

38 電気をためることってできるの？

★コンデンサーには，電気をためることができる！

電気をためることを蓄電（充電）といいます。**コンデンサー**は電気をためることができる器具で，電気製品や防災用ラジオなどに使われています。コンデンサーにためた電気も，かん電池の電気や手回し発電機でつくった電気と同じはたらきをします。

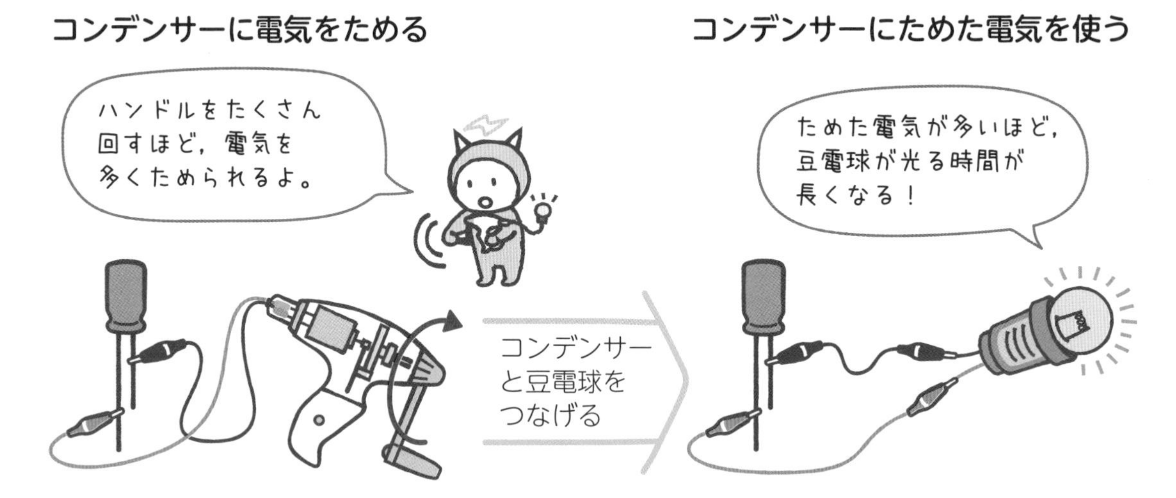

★充電池を使うと，多くの電気をためられる！

コンデンサーよりも多くの電気をためることができるものに，**充電池**があります。充電池には，かん電池と同じ形をしているものや，四角く平らな形のものなど，さまざまなものがあります。充電池は，充電をくり返して何度も使うことができます。

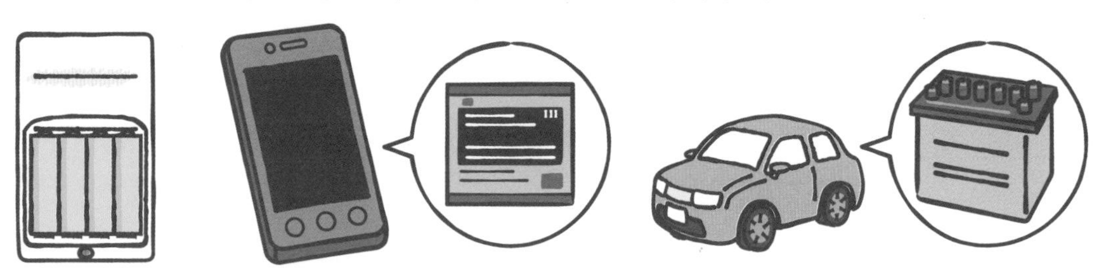

かん電池と同じ形をしている充電池

けいたい電話に使われている充電池

自動車のバッテリー

基本練習

答えは別冊12ページ

1 次の問いに答えましょう。

⑴ 電気をためることを何といいますか。

〔　　　　　　〕

⑵ 電気製品や防災ラジオに使われている，電気をためることができる器具を何といいますか。

〔　　　　　　〕

⑶ 何度も電気をためて，くり返し使うことができるのは，かん電池と充電池のどちらですか。

〔　　　　　　〕

2 コンデンサーを手回し発電機につなぎ，ハンドルを一定の速さで 10 回回しました。このコンデンサーを豆電球につなぐと，豆電球が光りました。

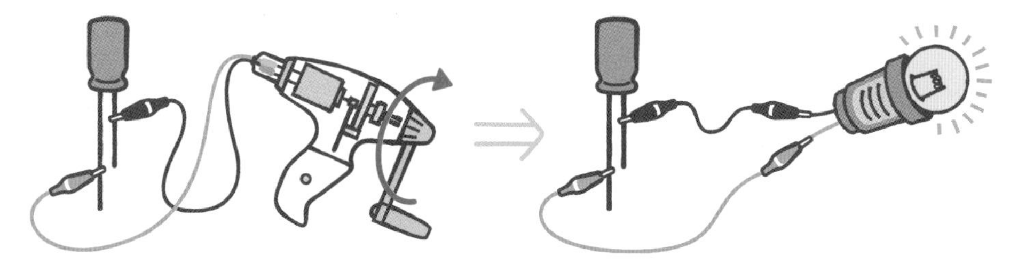

⑴ ハンドルを回す回数を 30 回にすると，コンデンサーにたまる電気の量はどうなりますか。

〔　　　　　　〕

⑵ ⑴のとき，豆電球が光る時間はどうなりますか。

〔　　　　　　〕

できなかった問題は，復習しよう。

学習日 月 日

39 電気はどのように使われているの？

★電気は，熱や光，音，運動に変かんされて使われる！

ドライヤーなどの中には，**電熱線**とよばれる金属の線が入っていて，電流が流れると発熱します。このとき，電気は**熱**に変かんされています。電気は，熱のほかにも，**光**や**音**，**運動**などに変かんされて，使われています。

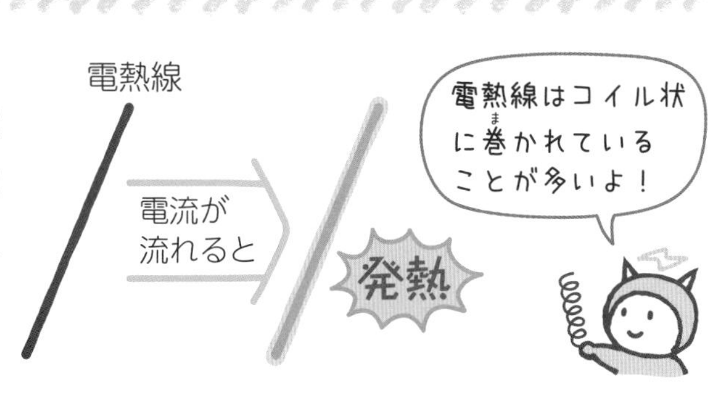

基本練習

答えは別冊12ページ

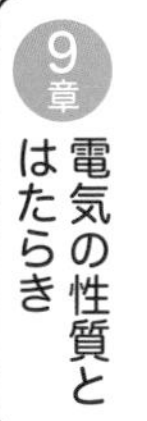

1 次の問いに答えましょう。

(1) 電気ストーブをつけると，あたたかくなりました。このとき，電気は何に変かんされていますか。 〔　　　　〕

(2) スイッチを入れると，部屋の照明がつきました。このとき，電気は何に変かんされていますか。 〔　　　　〕

(3) スイッチをおすと，防犯ブザーが鳴りました。このとき，電気は何に変かんされていますか。 〔　　　　〕

(4) 電車に乗っています。電車は，電気を何に変かんして走らせていますか。 〔　　　　〕

2 電気をおもに熱，光，音，運動に変かんして利用しているものを，次のア〜ケからそれぞれすべて選びましょう。

ア アイロン　**イ** かい中電灯　**ウ** スピーカー
エ せん風機　**オ** 電気自動車　**カ** 電子オルゴール
キ ドライヤー　**ク** ヘッドホン　**ケ** 豆電球

熱〔　　　　〕　光〔　　　　〕

音〔　　　　〕　運動〔　　　　〕

できなかった問題は，復習しよう。

40 どうしたら電気を効率的に利用できるの？

★発光ダイオードは，豆電球より使う電気が少ない！

コンデンサーに同じ量の電気をため，豆電球と**発光ダイオード（LED）**を光らせると，LEDのほうが長く光ります。これは，LEDのほうが電気を光に変かんする割合が高いため，必要な電気の量が少なくなるからです。

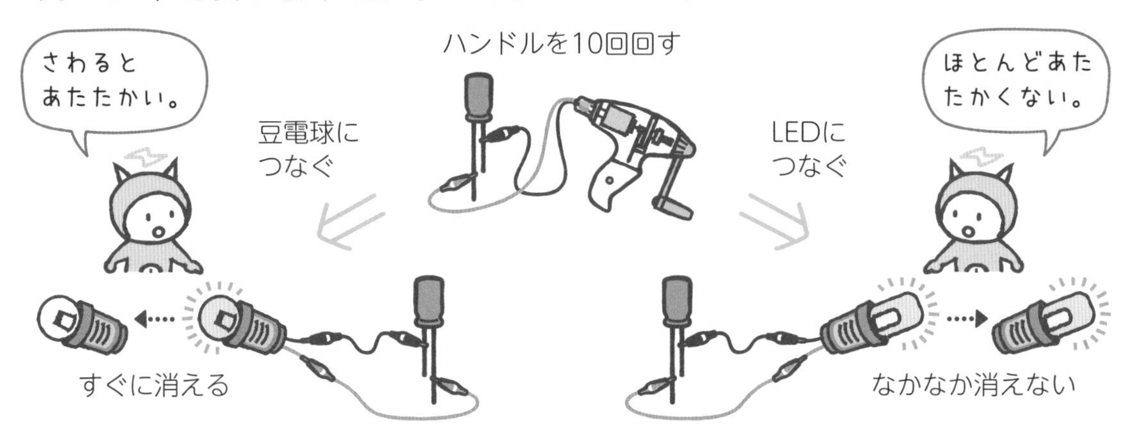

★プログラミングによって，電気を効率的に利用できる！

電気製品には，センサーでまわりのようすを読みとり，コンピュータが判断して動作することで，電気を効率的に利用できるようになっているものがあります。コンピュータへの指示（**プログラム**）をつくることを，**プログラミング**といいます。

人が近づいたときだけ点灯する照明のプログラム

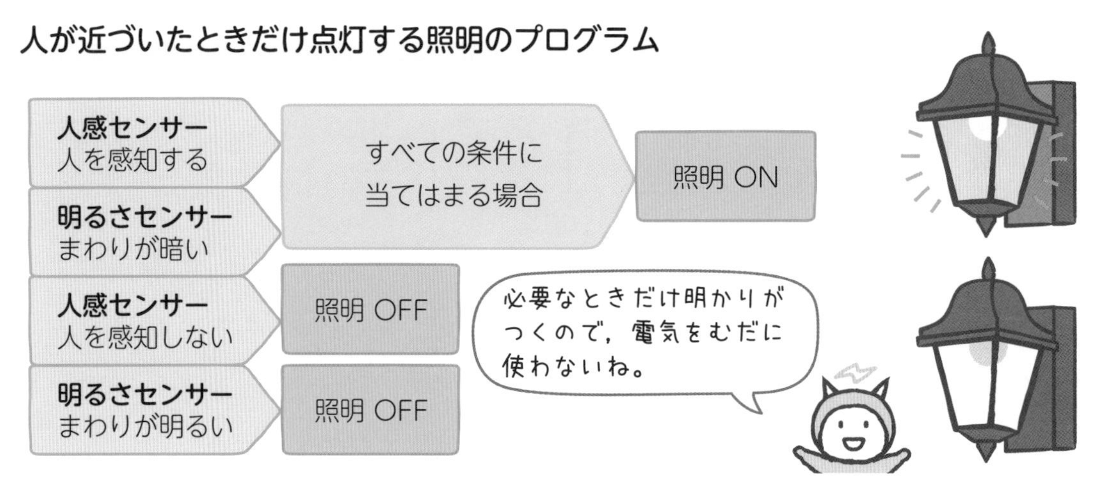

基本練習

答えは別冊12ページ

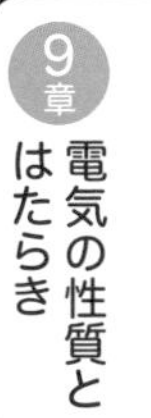

1 次の問いに答えましょう。

⑴ 明かりをつけたとき，使う電気の量が少ないのは，豆電球と発光ダイオードのどちらですか。

〔　　　　　　〕

⑵ 明かりをつけたとき，さわるとあたたかいのは，豆電球と発光ダイオードのどちらですか。

〔　　　　　　〕

⑶ コンピュータが動作するための指示をつくることを，何といいますか。

〔　　　　　　〕

2 同じ量の電気をためたコンデンサーを豆電球と発光ダイオードにつなぐと，どちらも明かりがつきました。

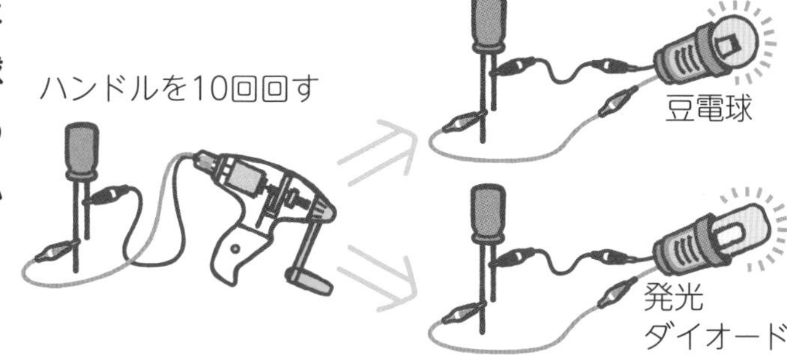

⑴ 先に明かりが消えるのは，豆電球と発光ダイオードのどちらですか。

〔　　　　　　〕

⑵ 電気を光に変かんする割合が高いのは，豆電球と発光ダイオードのどちらですか。

〔　　　　　　〕

できなかった問題は，復習しよう。

復習テスト 9

9章 電気の性質とはたらき

1

手回し発電機をモーターにつないでハンドルを回すと，プロペラが回りました。次の問いに答えましょう。 【各10点　計20点】

(1) ハンドルを回す速さを速くすると，プロペラのようすはどうなりますか。

〔　　　　　　　　　　〕

(2) ハンドルを回す向きを逆にすると，プロペラのようすはどうなりますか。

〔　　　　　　　　　　〕

2

同じ量の電気をためたコンデンサーを，豆電球と発光ダイオードにつなぎ，明かりがついている時間を調べました。表は，そのときの結果です。次の問いに答えましょう。

【(1)は10点　ほかは各６点　計28点】

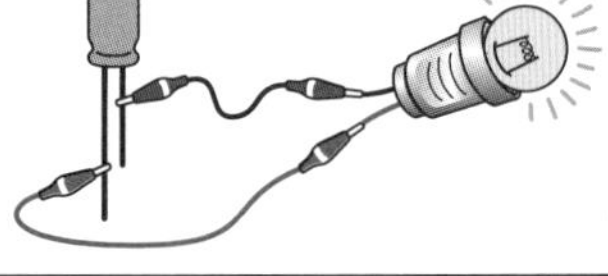

	１回目	２回目	３回目
ハンドルを回す回数	10回	50回	90回
豆電球に明かりがついていた時間	13秒	28秒	57秒
発光ダイオードに明かりがついていた時間	2分24秒	3分以上	3分以上

(1) 表から，手回し発電機のハンドルを回す回数とコンデンサーにたまる電気の量には，どのような関係があるといえますか。

〔　　　　　　　　　　〕

(2) 表から，使う電気の量が多いのは，豆電球と発光ダイオードのどちらだといえますか。 〔　　　　　〕

(3) 実験後，豆電球をさわるとあたたかくなっていました。この理由を説明した次の文の〔　〕にあてはまる言葉を書きましょう。

●豆電球では，電気を〔　　　　〕に変かんして利用しているが，

同時に〔　　　　〕にも変かんされているから。

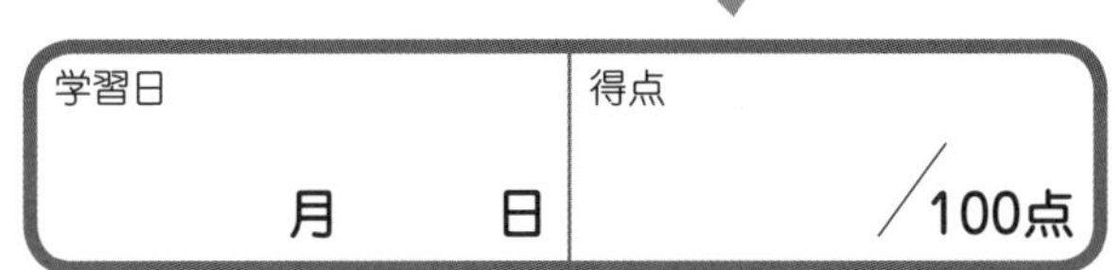

3

右の街路灯は，風車や太陽光パネルで発電でき，電線につながなくても使えるようになっています。次の問いに答えましょう。 【(1)は各7点 (2)は10点 計24点】

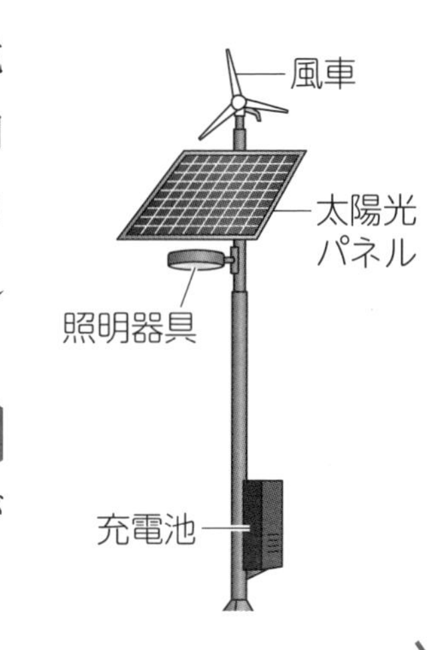

(1) ①風車や②太陽光パネルを使った発電方法を，それぞれ何といいますか。

①［　　　　　　］ ②［　　　　　　］

(2) 充電池（じゅうでんち）がついていることは，どのような点で都合がよいですか。

［　　　　　　　　　　　　　　　　　　］

4

人感センサーと温度センサーを使って，電気を効率的に使えるストーブのプログラミングをします。①～④にあてはまる条件を，［　］のア～エから選び，記号で答えましょう。 【各7点 計28点】

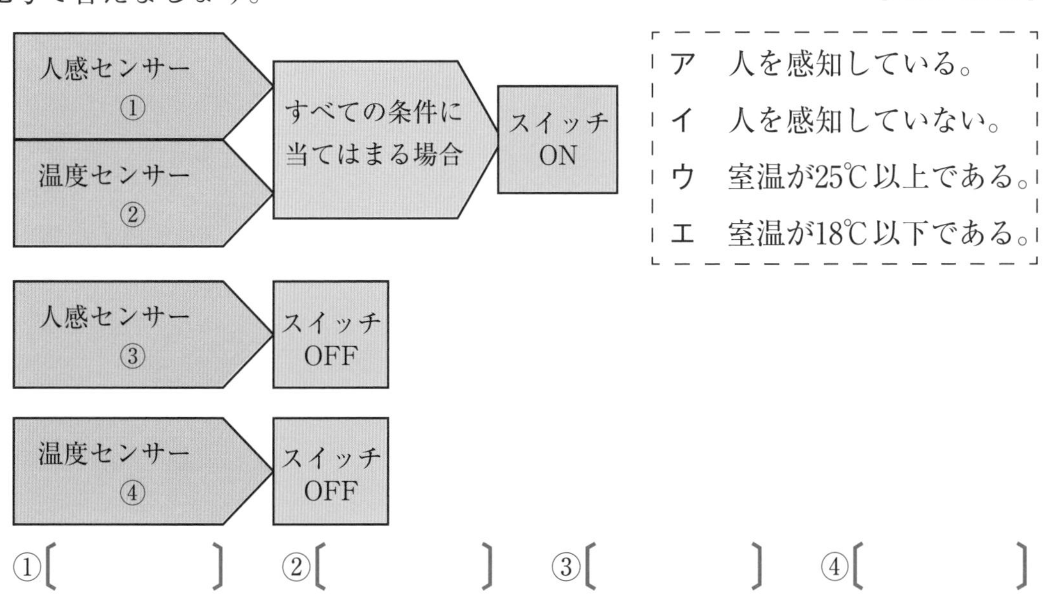

①［　　　　］ ②［　　　　］ ③［　　　　］ ④［　　　　］

41 水もじゅんかんしているの？

★水は，地表と空気中を，すがたを変えながら移動している！

地表の水は，蒸発（じょうはつ）して水蒸気（すいじょうき）にすがたを変え，空気中にふくまれていきます。この水蒸気が上空の高いところで冷やされると，水や氷にすがたを変え，雲ができます。雲ができると雨や雪が降（ふ）り，水は再び地表にもどってきます。

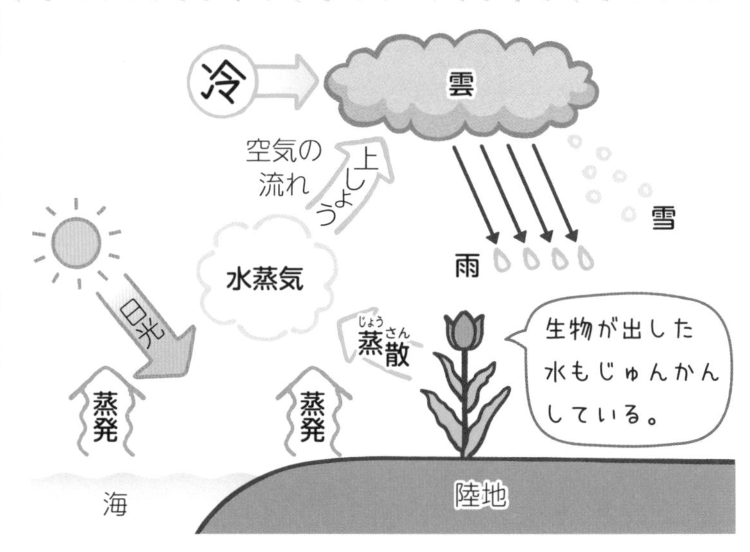

★水のじゅんかんには，人も関わっている！

雨や雪として地表にもどってきた水は，一部は蒸発し，残りは川の流れや地下水となって，やがて海に流れこみます。人は，地表にある水を，生活や農業，工業などに利用してくらしています。

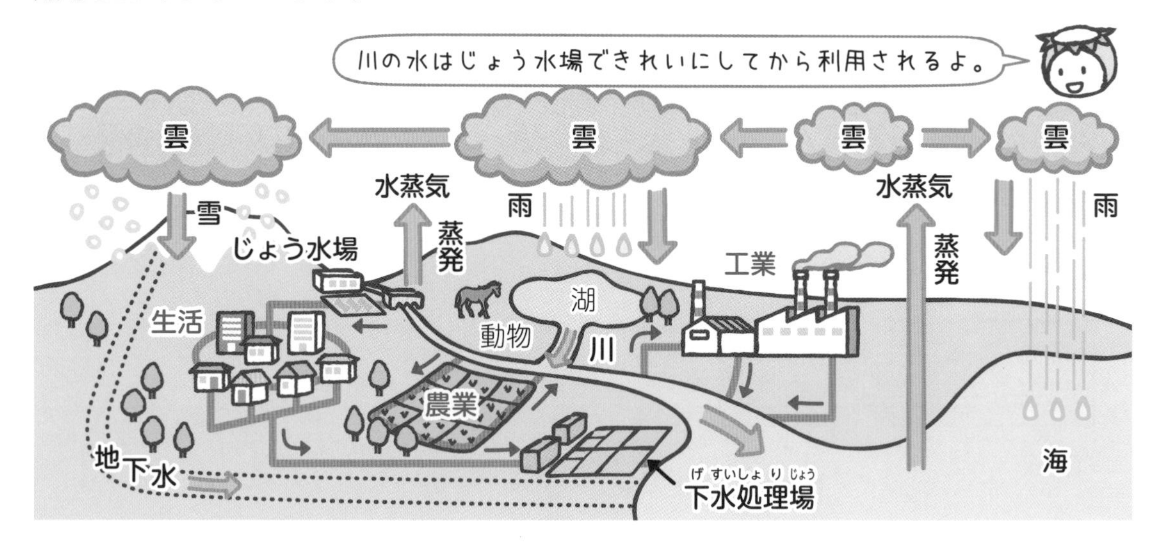

基本練習

答えは別冊13ページ

1 次の問いに答えましょう。

(1)　地表の水が蒸発すると，何にすがたを変えますか。

［　　　　　　］

(2)　(1)が上空の高いところで冷やされると，水や氷にすがたを変え，何ができますか。

［　　　　　　］

(3)　地表にもどってきた水は，やがてどこに流れこみますか。

［　　　　　　］

(4)　人は，地表にある水を何に利用していますか。

［　　　　　　］

2 次の文の①～④にあてはまる言葉を書きましょう。

●地表の水は，地面や水面からの（　①　）や，生物の呼吸（こきゅう），植物の（　②　）などによって水蒸気となり，空気中にふくまれる。

●空気中の水蒸気は，上空で冷やされて，小さな（　③　）や氷のつぶに変わって雲になり，雨や（　④　）となって地表にもどる。

②［　　　　　　］

④［　　　　　　］

できなかった問題は，復習しよう。

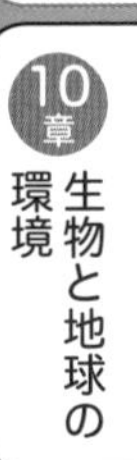

学習日 月 日

42 空気や水をよごすとどうなるの？

★空気をよごしたえいきょうは，地球全体で出る！

ガソリンや石炭，石油などの化石燃料を燃やすと，**二酸化炭素**が発生します。**二酸化炭素**の増加は**地球温暖化**の原因の１つと考えられています。また，**空気をよごすもの**も発生し，**酸性雨**や**光化学スモッグ**などを引き起こします。

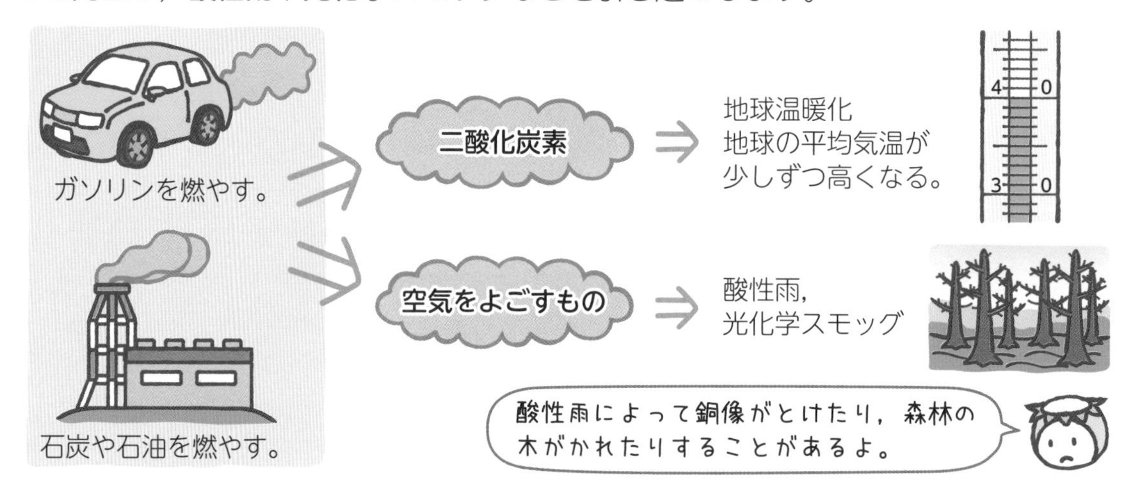

★水をよごしたえいきょうは，人にも返ってくる！

家庭や工場で水を使うと，水がよごれます。よごれた水が川に流れこむと，川の水や海の水がよごれ，そこにすむ生物が悪いえいきょうを受けます。すると，それらの生物を食べる動物や人にも，悪いえいきょうをあたえます。

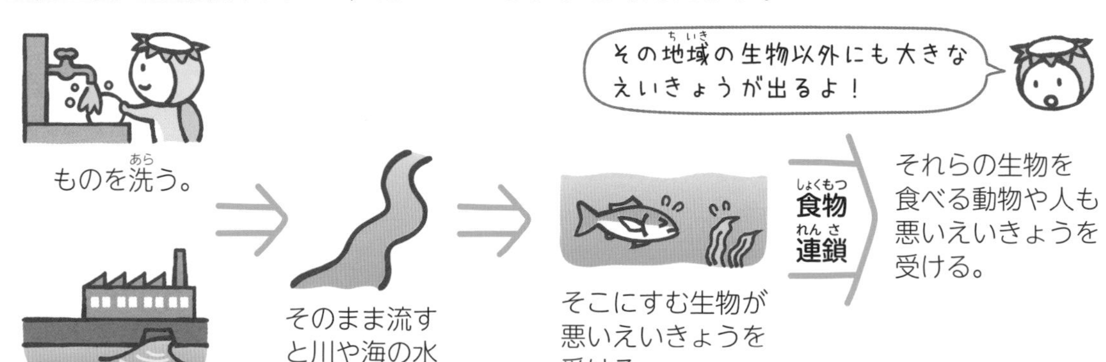

基本練習

➡ 答えは別冊13ページ

1 次の問いに答えましょう。

(1)　ガソリンや石炭などの化石燃料を燃やすと発生する気体は何ですか。

［　　　　　　］

(2)　(1)の増加が原因の１つとされる環境(かんきょう)問題は何ですか。

［　　　　　　］

(3)　ガソリンや石炭などの化石燃料を燃やすと発生する「空気をよごすもの」が原因となる環境問題を，２つ書きなさい。

(4)　空気や水がよごれると，その悪いえいきょうは，人にまで関わってくるといえますか。

［　　　　　　］

2 次のア～エを，①空気をよごす原因となるもの，②水をよごす原因となるものに分けましょう。

ア　洗(せん)たく用の洗ざい　　**イ**　ガソリンで動く自動車

ウ　工場からのはい水　　**エ**　工場のはい出ガス

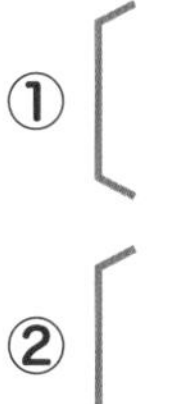

①［　　　　　　］

②［　　　　　　］

できなかった問題は，復習しよう。

学習日　月　日

43 環境を守るための工夫ってあるの？

★下水処理場の整備や湿原の保護などが行われている！

現在は，家庭や工場からのはい水は，**下水処理場**できれいにしてから川に流されています。自動車や工場には，はい出ガスをきれいにする装置がとりつけられています。また，森林や湿原を守る取り組みも行われています。

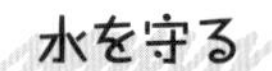

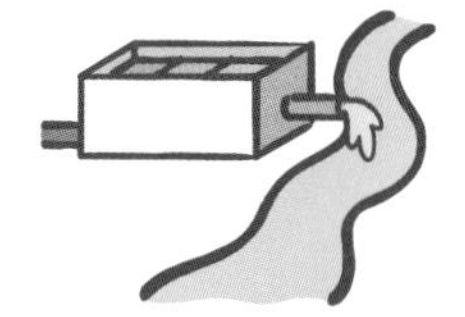
下水処理場

空気を守る

ガソリンを
使わない自動車

その他の環境を守る

森林や湿原の保護

自然にやさしい洗ざい

石炭や石油を
燃やさない発電

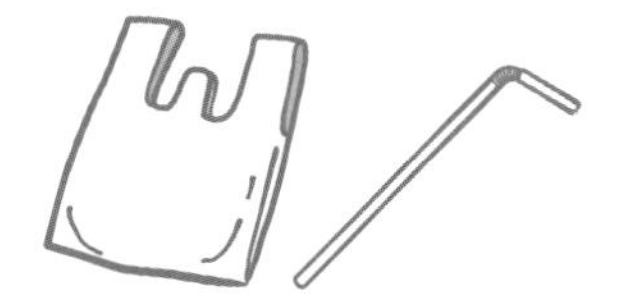
プラスチックの
使用制限

★わたしたち個人でできることだってある！

下水処理場や太陽光発電所をつくったり，環境にやさしい製品をつくったりすることは，わたしたち個人ではできません。しかし，食器は油よごれをふきとってから洗う，節電を心がける，ごみを分別して出すなど，個人でできる取り組みもあります。

油よごれをふきとってから洗い，水ができるだけよごれないようにする。

電気の使用量を減らすことにより，発電のときに出る二酸化炭素の量を減らす。

ごみを分別して出すことで，リサイクルしやすくしたり，処理しやすくしたりする。

基本練習

答えは別冊13ページ

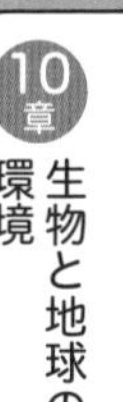

1 次の問いに答えましょう。

(1) 家庭や工場からのはい水を，川に流す前にきれいにする施設(しせつ)を何といいますか。 〔　　　　　〕

(2) ガソリンを使わない自動車の利用は，おもに水と空気のどちらを守る取り組みといえますか。 〔　　　　　〕

(3) 食器の油よごれをふきとってから洗うことは，おもに水と空気のどちらを守る取り組みといえますか。 〔　　　　　〕

(4) 電気の使用量を減らすことにより，火力発電で出る何という気体の量を減らすことができますか。 〔　　　　　〕

2 次のア～カから，環境を守るための取り組みとしてよいものを３つ選びましょう。

ア 自動車を共同利用して，はい気ガスを減らす。
イ 森林を開発して，住宅地(じゅうたくち)をつくる。
ウ 干潟(ひがた)をうめ立てて，風力発電所をつくる。
エ 川岸の植物をばっさいして，コンクリートで護岸する。
オ 国立公園を設けて，動物や植物を保護する。
カ ごみを分別して，リサイクルしやすくする。

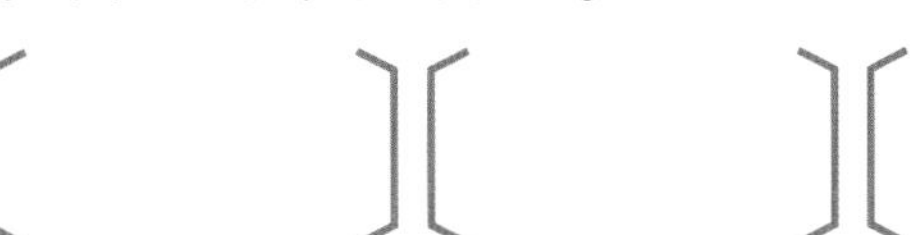

できなかった問題は，復習しよう。

復習テスト 10

1

次の図は，水がじゅんかんするようすを模式的に表しています。後の問いに答えましょう。

【各10点　計50点】

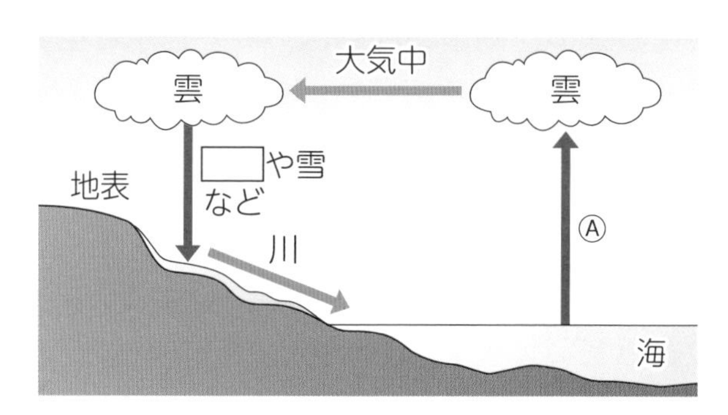

(1) 水がⒶのように地表から空気中に移動するとき，固体・液体・気体のどのすがたになっていますか。〔　　　　〕

(2) 図中の□にあてはまる言葉を書きましょう。〔　　　　〕

(3) わたしたちが川の水を利用するときのようすについて，正しいものを次のア～エから1つ選び，記号で答えましょう。〔　　　〕

ア　川の水は，そのまま水道水として各家庭に送られる。

イ　川の水は，一度地下に送られ，地下水として各家庭に送られる。

ウ　川の水は，じょう水場に送られ，きれいにしてから各家庭に送られる。

エ　川の水は，下水処理場に送られ，きれいにしてから各家庭に送られる。

(4) 川の水がよごれると，人にも悪いえいきょうが出ます。その理由を説明した次の文の〔　〕にあてはまる言葉を書きましょう。

●川にすむ生物と人は，「食べる・食べられる」という〔　　　　〕の関係でつながっているから。

(5) 水を守る取り組みについて考えます。家庭の台所やふろで洗ざいを使うとき，どのようなことに気をつければよいですか。

〔　　　　　　　　　　　　　　　　〕

答えは別冊18ページ

学習日　　月　　日　　得点　　／100点

2

世界の各地では，森林が開発によって切り開かれています。これについて，次の問いに答えましょう。【(1)は各５点　ほかは各10点　計30点】

(1) 森林がなくなると，空気中の気体にはどのようなえいきょうが出ますか。次の文の〔　〕にあてはまる言葉を書きましょう。

●森林がなくなると，空気中の〔　　　　〕が減り，〔　　　　〕が増える。

(2) (1)の結果，地球の気温にどのようなえいきょうが出ると考えられますか。

〔　　　　　　　　〕

(3) 森林をばっさいした場合，その後にどのようにすれば，地球の環境（かんきょう）にとってよいですか。次のア～エから１つ選び，記号で答えましょう。〔　　　〕

ア　そのままにしておく。

イ　土地に合った木で植林する。

ウ　家ちくを放牧して，草を食べさせる。

エ　表面をほそうして，土が流れないようにする。

3

環境問題について，次の問いに答えましょう。【(1)は各５点　(2)は10点　計20点】

(1) 石炭や石油，天然ガスなどの化石燃料を燃やしたときに出るものが雨にとけて，酸性雨が降（ふ）ることがあります。酸性雨と関係があるものを，次のア～エから２つ選び，記号で答えましょう。〔　　　〕〔　　　〕

ア　湖にすむ魚の育ちがよくなる。　　イ　赤潮（あかしお）やアオコが発生する。

ウ　屋外の銅像などの表面がとける。　　エ　森林の木がかれる。

(2) 自然には分解されにくく，小さなかけらが生物の体内にたまるなどすることが問題とされ，近年，使用が制限されつつあるものは何ですか。次のア～エから１つ選び，記号で答えましょう。〔　　　〕

ア　アルミニウム　　イ　水銀　　ウ　プラスチック　　エ　フロン

小6理科をひとつひとつわかりやすく。改訂版

編集協力
㈱アポロ企画

カバーイラスト・シールイラスト
坂木浩子

本文イラスト・図版
㈱アート工房

ブックデザイン
山口秀昭（Studio Flavor）

写真提供
写真そばに記載，記載のないものは編集部

DTP
㈱四国写研

小6理科を ひとつひとつわかりやすく。
［改訂版］

解答と解説

軽くのりづけされているので，
外して使いましょう。

Gakken

01 燃えるためには何が必要なの？ 本文7ページ

1 次の問いに答えましょう。

(1) ものが燃えるための条件は，３つあります。燃えるもの，空気ともう１つは何ですか。

〔 燃え始める温度 〕

(2) ものが燃えるための３つの条件が１つ欠けている場合，ものは燃えますか，燃えませんか。

〔 燃えない。 〕

(3) ものが燃え続けるためには，どんな空気にふれる必要がありますか。

〔 新しい（空気） 〕

2 底のないびんの中でろうそくを燃やします。ろうそくが燃え続けるものには○，火が消えるものには×をつけましょう。

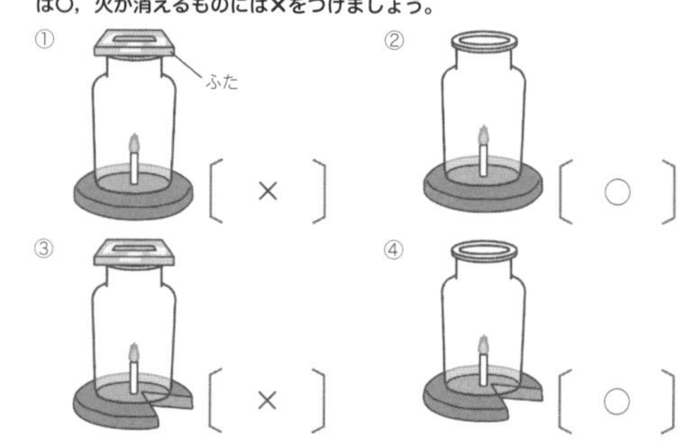

① 〔 × 〕 ② 〔 ○ 〕 ③ 〔 × 〕 ④ 〔 ○ 〕

解説 2 燃えた後の空気は軽くなって上に移動しますが③では古い空気が出ていきません。

02 空気は何からできているの？ 本文9ページ

1 次の問いに答えましょう。

(1) 空気にもっとも多くふくまれている気体は何ですか。

〔 ちっ素 〕

(2) 空気の成分のうち，体積で約21％をしめる気体は何ですか。

〔 酸素 〕

(3) 空気の成分のうち，ものを燃やすはたらきがある気体は何ですか。

〔 酸素 〕

2 ちっ素，酸素，二酸化炭素を入れたびんに，火がついたろうそくを入れます。空気中より激しく燃えるものには○，空気中と同じように燃えるものには△，火が消えるものには×をつけましょう。

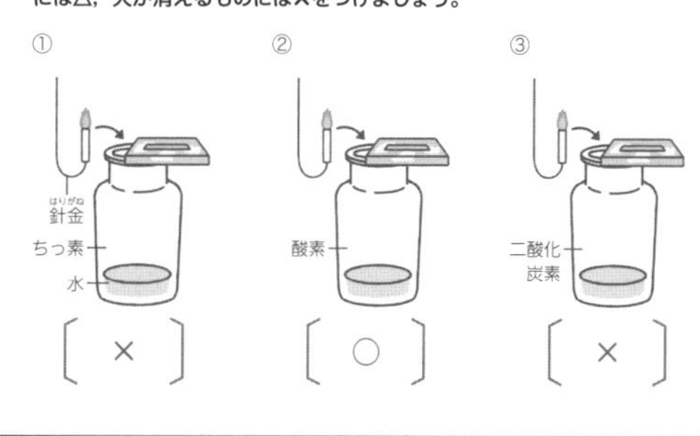

① 〔 × 〕 ② 〔 ○ 〕 ③ 〔 × 〕

解説 2 ものを燃やすはたらきがあるのは酸素です。ちっ素と二酸化炭素にはそのはたらきがありません。

03 ものが燃えたら空気は変化するの？ 本文11ページ

1 次の問いに答えましょう。

(1) 木やろうが燃えるときに使われる気体は何ですか。

〔 酸素 〕

(2) 木やろうが燃えるときに発生する気体は何ですか。

〔 二酸化炭素 〕

(3) 空気中で木やろうを燃やしたとき，ちっ素の量はどうなりますか。

〔 変わらない。 〕

(4) 石灰水は，二酸化炭素にふれるとどうなりますか。

〔 白くにごる。 〕

2 右の図は，ものが燃える前後の空気の成分の割合を表しています。

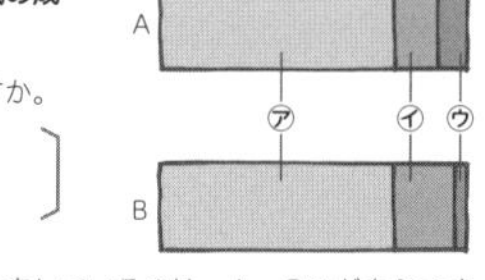

(1) 酸素は，㋐，㋑，㋒のどれですか。

〔 ㋑ 〕

(2) 燃えた後の空気の成分の割合を表しているのは，A，Bのどちらですか。

〔 A 〕

解説 2 空気の約78％がちっ素，約21％が酸素です。ものが燃えると，酸素が減ります。

04 ものが燃えた後には何が残るの？ 本文13ページ

1 次の問いに答えましょう。

(1) 木が燃えた後に，黒いものが残りました。この黒いものを何といいますか。

〔 炭 〕

(2) 木が燃えた後に，白いものが残りました。この白いものを何といいますか。

〔 灰 〕

(3) 空気がないところで木を熱すると，炭と灰のどちらが残りますか。

〔 炭 〕

2 木や炭を燃やします。

(1) 右の写真のように，木はほのおを出して燃えますが，炭はほのおを出さずに燃えます。木が燃えるときにほのおを出すのは，木を熱したときに出る何というガスが燃えるからですか。

木

炭

〔 木ガス 〕

(2) 炭をつくるために，右の図のように，アルミニウムはくで木を包んで熱しました。アルミニウムはくで包んだのは，木が何にふれないようにするためですか。

〔 空気（酸素） 〕

解説 2 (1) 木を熱すると，木(もく)ガスが出て炭が残ります。木ガスが燃えると，ほのおが出ます。

05 吸った空気はどこにいくの？

1 次の問いに答えましょう。

(1) 人が鼻や口から吸った空気は，気管を通ってどこにいきますか。

〔 肺 〕

(2) 吸った空気と比べて，はいた空気のほうに多くふくまれているのは，酸素と二酸化炭素のどちらですか。

〔 二酸化炭素 〕

(3) 酸素を体の中にとり入れて，二酸化炭素を出すはたらきを何といいますか。

〔 呼吸 〕

2 右の図は，人の体の呼吸に関係するつくりを表しています。

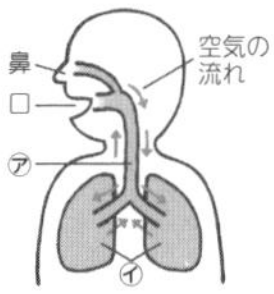

(1) ㋐，㋑のつくりをそれぞれ何といいますか。

鼻　口　㋐　㋑　空気の流れ

㋐〔 気管 〕

㋑〔 肺 〕

(2) ㋑で，①体の中にとり入れられる気体と，②体の中から空気中に出される気体を，□からそれぞれ選びましょう。

酸素	ちっ素	二酸化炭素

①〔 酸素 〕　②〔 二酸化炭素 〕

解説 2 (1) 鼻や口から吸った空気は，気管（㋐）を通って，肺（㋑）に送られます。

06 どうして胸がどきどきするの？

1 次の問いに答えましょう。

(1) 全身に血液を送り出すポンプのようなはたらきをするつくりは何ですか。

〔 心臓 〕

(2) 縮んだりゆるんだりする心臓の動きを何といいますか。

〔 はく動 〕

(3) 血液は，肺でとり入れた何を全身に運んでいますか。

〔 酸素 〕

(4) 血液は，体内でできた何を肺に運んでいますか。

〔 二酸化炭素 〕

2 右の図は，体内を血液がめぐるようすを表しています。

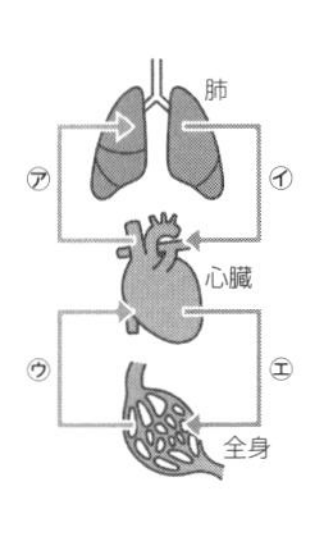

(1) 血液が全身をめぐることを何といいますか。

〔（血液の）じゅんかん 〕

(2) 酸素が多い血液の流れを表しているものを，㋐～㋓からすべて選びましょう。

〔 ㋑，㋓ 〕

解説 2 (2) 肺で血液中に酸素がとり入れられるので，肺を通った後の血液は酸素を多くふくみます。

07 ご飯をかむとあまくなるのはなぜ？

1 次の問いに答えましょう。

(1) ヨウ素液を使うと，何があるかどうかを調べることができますか。

〔 でんぷん 〕

(2) 口からこう門まで続く，食べたものの通り道を何といいますか。

〔 消化管 〕

(3) 食べたものを，体の中にとり入れやすいものに変えるはたらきを何といいますか。

〔 消化 〕

(4) だ液のように，消化に関わるはたらきをする液を何といいますか。

〔 消化液 〕

2 右の図は，人の消化管を表しています。㋐～㋒のつくりをそれぞれ何といいますか。

㋐〔 胃 〕

㋑〔 大腸 〕

㋒〔 小腸 〕

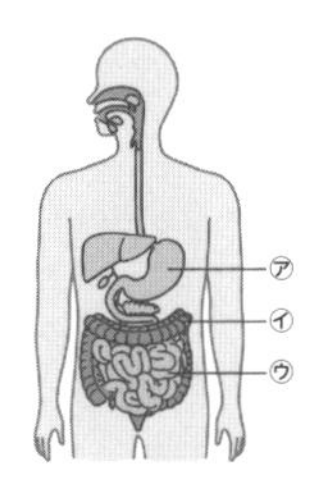

解説 2 消化管は，口→食道→胃（㋐）→小腸（㋒）→大腸（㋑）→こう門とひと続きになっています。

08 食べたものは，消化された後どうなるの？

本文23ページ

1 次の問いに答えましょう。

(1) 食べたものにふくまれていた養分は，何というつくりで吸収されますか。

〔 小腸 〕

(2) 吸収された養分の一部は，何というつくりにたくわえられますか。

〔 かん臓 〕

(3) 全身でできた不要なものは，じん臓でこし出された後，何となって体の外に出されますか。

〔 にょう 〕

2 右の図は，人の消化や吸収に関するつくりを表しています。

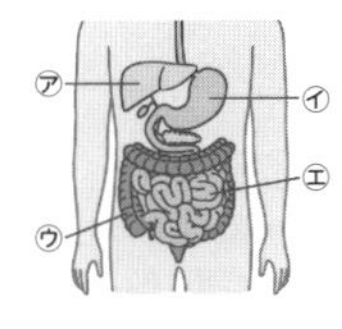

(1) 食べたものにふくまれていた養分を吸収するつくりを，図の㋐～㋓から選びましょう。

〔 ㋓ 〕

(2) 吸収された養分は，何によって全身に運ばれますか。

〔 血液 〕

(3) 吸収された養分が全身で使われた後にできる不要なものは，何というつくりで血液からこし出されますか。

〔 じん臓 〕

解説 2 (1) 養分は，㋓の小腸で吸収されます。㋐はかん臓，㋑は胃，㋒は大腸です。

09 体の中にはどんな臓器があるの？ 本文25ページ

1 次の問いに答えましょう。

(1) 体の中にある臓器は，何を通してたがいにつながっていますか。

〔 血液 〕

(2) 血液中の二酸化炭素を，空気中の酸素と交かんするはたらきをする臓器は何ですか。

〔 肺 〕

2 右の図は，人の体の中で，生きるために必要なはたらきをするつくりを表しています。

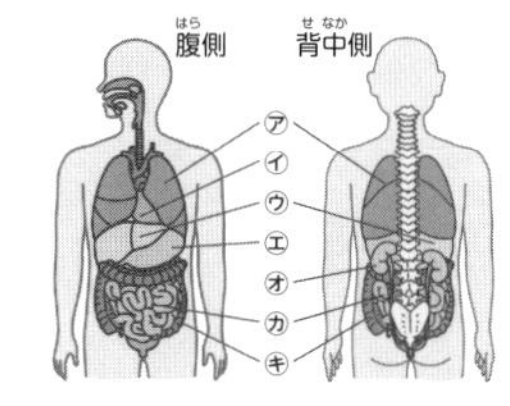

(1) 人の体の中で，生きるために必要なはたらきをするつくりを何といいますか。

〔 臓器 〕

(2) 次の①，②のはたらきをするつくりを図の㋐～㋖からそれぞれ選び，名前も答えましょう。

① 吸収した養分の一部をたくわえる。

記号〔 ㋒ 〕 名前〔 かん臓 〕

② 血液を全身に送り出す。

記号〔 ㋑ 〕 名前〔 心臓 〕

解説 **2** ㋐は肺，㋑は心臓，㋒はかん臓，㋓は胃，㋔はじん臓，㋕は小腸，㋖は大腸です。

10 日なたの植物が元気なのはなぜ？ 本文29ページ

1 次の問いに答えましょう。

(1) 植物がじょうぶに育つのは，日なたと日かげのどちらですか。

〔 日なた 〕

(2) 植物の葉に日光が当たると，何という養分がつくられますか。

〔 でんぷん 〕

(3) 葉にでんぷんがあるかどうかは，何という薬品を使って調べますか。

〔 ヨウ素液 〕

2 次の図のようにして，葉にでんぷんがあるかどうかを調べました。でんぷんができているものには○，できていないものには×をつけましょう。

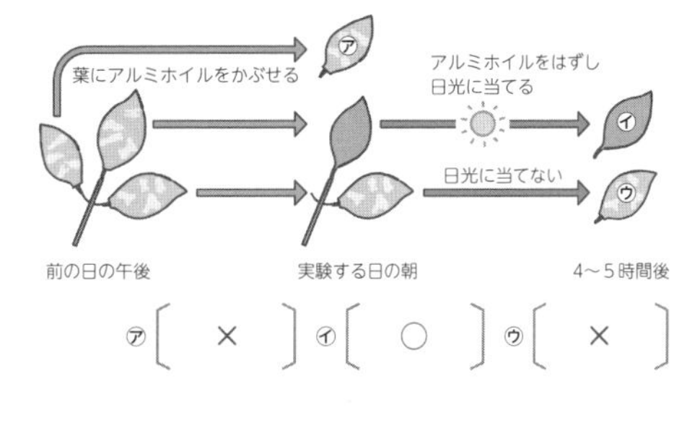

㋐〔 × 〕 ㋑〔 ○ 〕 ㋒〔 × 〕

解説 **2** でんぷんは，日光に当てた㋑の葉にはできますが，当てていない㋐，㋒の葉にはできません。

11 植物にも血管のようなものがあるの？ 本文31ページ

1 次の問いに答えましょう。

(1) 植物は，どこから水をとり入れますか。

〔 根 〕

(2) 植物の体にある水の通り道は，体全体でつながっていますか，つながっていませんか。

〔 つながっている。 〕

(3) 植物の体にある水の通り道は，決まっていますか，決まっていませんか。

〔 決まっている。 〕

2 右の図のように，ホウセンカの根を色のついた水にひたし，しばらく置きました。

(1) ①葉のつけ根，②くきを横に切ったときの切り口のようすは，それぞれ㋐，㋑のどちらですか。

① ㋐ 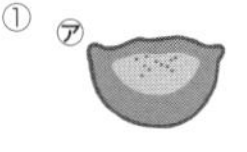 ㋑ 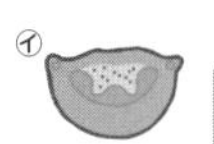  〔 ㋑ 〕

② ㋐ 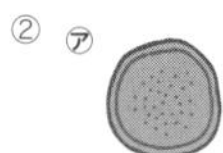 ㋑ 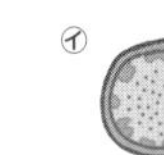 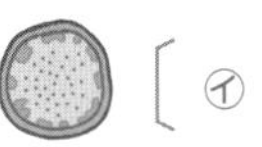 〔 ㋑ 〕

(2) 実験後，三角フラスコ内の水の量は，どうなっていますか。

〔 減っている。（少なくなっている。） 〕

解説 **2** (1) 水は，決まったところを通ります。
(2) ホウセンカが吸い上げた分だけ，減ります。

12 葉に運ばれた水はどこへいくの？ 本文33ページ

1 次の問いに答えましょう。

(1) 葉に運ばれた水は，何というすがたになって空気中に出ていきますか。

〔 水蒸気（気体） 〕

(2) 蒸散は，おもに根・くき・葉のどこで行われますか。

〔 葉 〕

(3) 葉の表面にある，三日月みたいな形のものにはさまれた小さな穴を何といいますか。

〔 気こう 〕

(4) (3)は，葉の表側と裏側のどちらに多くありますか。

〔 裏側 〕

2 右の図のように，ホウセンカにポリエチレンのふくろをかぶせ，日なたに30分間置いたところ，一方のふくろの内側が白くくもりました。

(1) ふくろの内側が白くくもったのは，㋐，㋑のどちらですか。

〔 ㋑ 〕

(2) ふくろの内側が白くくもったのは，植物が何を行ったからですか。

〔 蒸散 〕

解説 **2** (1) 白くくもったのは，植物の体内の水が，おもに葉から水蒸気となって出ていったからです。

13 食べるってどういう意味なの？ 本文37ページ

1 次の問いに答えましょう。

(1) 自分で養分をつくることができるのは，植物と動物のどちらですか。

〔 植物 〕

(2) 植物だけを食べる動物を何といいますか。

〔 草食動物 〕

(3) 動物だけを食べる動物を何といいますか。

〔 肉食動物 〕

(4) 植物も動物も食べる動物を何といいますか。

〔 雑食動物 〕

(5) 動物がほかの生物を食べるのは，何をとり入れるためですか。

〔 養分 〕

2 動物は，食べるものにより，①草食動物，②肉食動物，③雑食動物に分けられます。それぞれにあてはまる動物を，次のア～カから選びましょう。

ア ウサギ　**イ** ウシ　**ウ** オオカミ
エ クマ　**オ** 人　**カ** ライオン

①〔 ア，イ 〕②〔 ウ，カ 〕③〔 エ，オ 〕

解説 **2** ウサギやウシは植物を食べ，オオカミやライオンはほかの動物を食べます。

14 池のメダカは何を食べているの？ 本文39ページ

1 次の問いに答えましょう。

(1) 自然の中で生きているメダカは，池や川の水の中にいる小さな生物を食べていますか，食べていませんか。

〔 食べている。 〕

(2) けんび鏡で池の水の中の生物を倍率40倍で見たとき，はっきりと形が見えるのは，ミジンコとイカダモのどちらですか。

〔 ミジンコ 〕

2 池の水の中にいる小さな生物をけんび鏡で観察すると，㋐～㋓の生物が見えました。

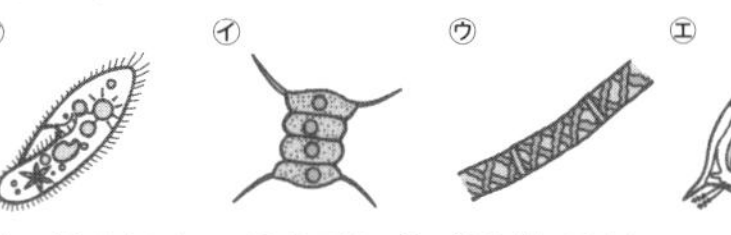

(1) ゾウリムシとアオミドロは，㋐～㋓のどれですか。

ゾウリムシ〔 ㋐ 〕　アオミドロ〔 ㋒ 〕

(2) ㋐を倍率100倍で見たときの大きさと，㋑を倍率400倍で見たときの大きさが同じに見えました。実際の大きさが大きいのは，㋐と㋑のどちらですか。

〔 ㋐ 〕

(3) ㋓の生物を何といいますか。

〔 ミジンコ 〕

解説 **2** (2) 同じ大きさに見えるとき，倍率が大きいものほど，もとの大きさが小さいといえます。

15 生物は食べ物でつながっているの？ 本文41ページ

1 次の問いに答えましょう。

(1) 人の食べ物のもとをたどると，植物と動物のどちらにいきつきますか。

〔 植物 〕

(2) 生物どうしの「食べる・食べられる」の関係によるつながりを何といいますか。

〔 食物連鎖 〕

(3) (2)は，土中でも見られますか。

〔 見られる。 〕

2 食物連鎖による生物のつながりを考えます。

(1) 食物連鎖のスタートになる生物は，次のア，イのどちらですか。

ア 自分で養分をつくることのできる生物
イ 自分では養分をつくることのできない生物

〔 ア 〕

(2) 次の図は，陸上で見られる4種類の生物を表しています。「食べられる生物→食べる生物」となるように，矢印を3本かき入れましょう。

解説 **2** (1) 食物連鎖（しょくもつれんさ）のスタートは，植物や植物プランクトンなど，自分で養分をつくれる生物です。

16 生物にとって空気って何だろう？ 本文43ページ

1 次の問いに答えましょう。

(1) 動物が体内に酸素をとり入れ，二酸化炭素を体外に出すはたらきを何といいますか。

〔 呼吸 〕

(2) 植物は，(1)のはたらきを行っていますか，行っていませんか。

〔 行っている。 〕

(3) 植物が，葉に日光が当たっているときにだけ出す気体は何ですか。

〔 酸素 〕

2 右の図は，空気を通した生物のつながりを表しています。

(1) ㋐，㋑にあてはまる気体は，ちっ素，酸素，二酸化炭素のどれですか。

㋐〔 酸素 〕
㋑〔 二酸化炭素 〕

(2) 植物は，葉などにある何というつくりで，㋐や㋑の気体を出し入れしていますか。

〔 気こう 〕

解説 **2** (1) ㋐は人や動物がとり入れているので酸素，㋑は人や動物が出しているので二酸化炭素です。

17 生物にとって水って何だろう？

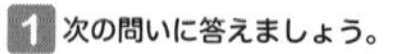

1 次の問いに答えましょう。

(1) 人の血液の大部分は，何でできていますか。

［ 水 ］

(2) 水は，生物が生きていくのに必要ですか，必要ではありませんか。

［ 必要である。 ］

(3) 水は，生物の体を出たり入ったりしていますか，していませんか。

［ している。 ］

2 右の図は，水を通した生物のつながりを表しています。

(1) ㋐，㋑にあてはまるはたらきは何ですか。

㋐［ 蒸散 ］

㋑［ 呼吸 ］

(2) ㋒の矢印について，植物は体の何というつくりから水をとり入れていますか。

［ 根 ］

解説 2 (1) ㋐は植物が水蒸気を出しているので，蒸散です。

18 月はどのようにして光るの？

1 次の問いに答えましょう。

(1) 月は，どんな形をした天体ですか。

［ 球形 ］

(2) 月の表面にある，円形のくぼみを何といいますか。

［ クレーター ］

(3) 月と地球では，どちらのほうが大きいですか。

［ 地球 ］

(4) 月は，何の光を反射して光っていますか。

［ 太陽 ］

2 天体には，①自分で光を出しているものと，②自分では光を出していないものがあります。それぞれにあてはまる天体を，次のア～カから選びましょう。

ア アンタレス　**イ** 火星　**ウ** 金星
エ 太陽　**オ** 地球　**カ** 北極星

①［ ア，エ，カ ］

②［ イ，ウ，オ ］

解説 2 アンタレスはさそり座，北極星はこぐま座をつくる星で，太陽のように自ら光を出しています。

19 月の光っている側には何があるの？

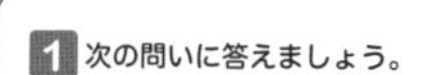

1 次の問いに答えましょう。

(1) まるい形に見える月を何といいますか。

［ 満月 ］

(2) まったく見えないときの月を何といいますか。

［ 新月 ］

2 次の①，②は，月を観察したときのようすです。

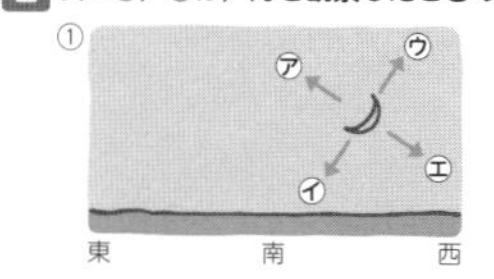

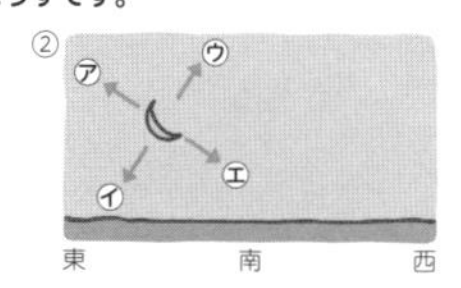

(1) ①の形の月を何といいますか。

［ 三日月 ］

(2) 月が光っている側には，何がありますか。

［ 太陽 ］

(3) ①，②では，それぞれ太陽は㋐～㋓のどの向きにありますか。

①［ ㋓ ］②［ ㋑ ］

解説 2 (1) 月の右側だけが細く光っています。
(2)(3) 月の光っている側には，太陽があります。

20 月の形の見え方が変わるのはなぜ？

本文 53 ページ

1 次の問いに答えましょう。

(1) 月の表面のうち，太陽の光が当たっている部分は，何分の1ですか。

［ 2分の1 ］

(2) 月と太陽の位置関係が変わると，月に光が当たっている部分の地球からの見え方はどうなりますか。

［ 変わる。 ］

(3) 月の形の見え方が変わるのは，何と何の位置関係が変わるからですか。

［ 月と太陽 ］

2 次の図のようにして，月の形の見え方が変わる理由を調べます。①かい中電灯，②ボール，③観察する人は，それぞれ地球・月・太陽のどれに見立てていますか。

①［ 太陽 ］②［ 月 ］③［ 地球 ］

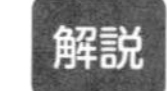

解説 2 月は太陽の光を反射して光るので，光を出すかい中電灯が太陽，光が当たるボールが月です。

21 月の形が1か月でもとにもどるのはなぜ？ 本文55ページ

1 次の問いに答えましょう。

(1) 月の見える形が変化する周期は，およそ何か月ですか。

［ 1か月 ］

(2) 新月から，満月になるまでは，およそ何週間ですか。

［ 2週間 ］

(3) 月と太陽の位置関係は，およそ何か月でもとにもどりますか。

［ 1か月 ］

2 次のA～Dの月について，あとの問いに答えなさい。

A 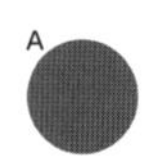 B 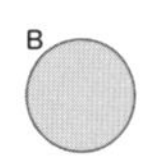 C 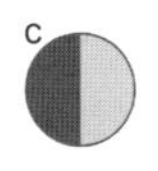 D 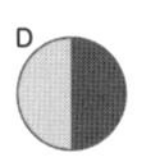

(1) A～Dを，Aをはじまりとして，月の形の変化の順に並べなさい。

［A → C → B → D］

(2) A，Bのように見えるときの月の位置は，右の図の㋐～㋓のどれですか。

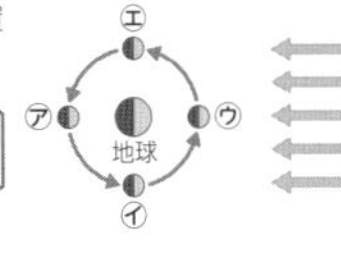

A［ ㋒ ］ B［ ㋐ ］

解説 **2** (1) 月の形は，新月（A）→上弦の月（C）→満月（B）→下弦の月（D）→新月（A）と変わります。

22 土地がしま模様に見えるのはなぜ？ 本文59ページ

1 次の問いに答えましょう。

(1) 同じ種類の土が層をつくり，積み重なって広がっているものを何といいますか。

［ 地層 ］

(2) 地層は，表面に見えるところ以外にも広がっていますか，広がっていませんか。

［ 広がっている。 ］

(3) 地層の中に見られる，大昔の生物の体や生活のあとなどを何といいますか。

［ 化石 ］

2 右の図は，A小学校，B小学校，C小学校のボーリング試料（地下の土をほり出したもの）をもとに，地下のようすを表した図です。

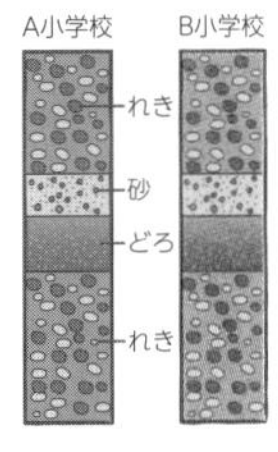

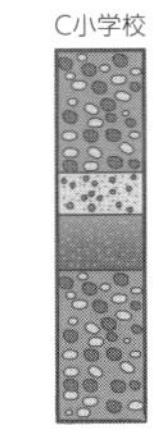

(1) れきの層と砂の層を比べると，土をつくるつぶの色や形，大きさなどの性質は同じですか，ちがいますか。

［ ちがう。 ］

(2) B小学校は，A小学校とC小学校の間にあります。B小学校の地下のようすはどのようになっていると考えられますか。図にかき入れましょう。

解説 **2** (2) 地層は横にもおくにも広がっているので，B小学校の地下でも同じ地層が見られます。

23 流れる水はどんな地層をつくるの？ 本文61ページ

1 次の問いに答えましょう。

(1) れき・砂・どろは，土のつぶの何によって分けられますか。

［ 大きさ ］

(2) たい積した砂がおし固められてできた岩石を何といいますか。

［ 砂岩 ］

(3) たい積したどろがおし固められてできた岩石を何といいますか。

［ でい岩 ］

2 右の図は，川の水のはたらきで河口まで運ばれてきた土が，分かれてたい積するようすを表しています。

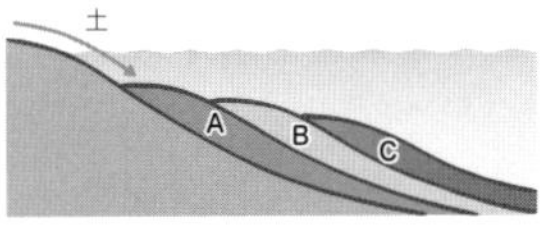

(1) 次の文の①，②にあてはまる言葉を書きましょう。

●つぶが大きい土ほどしずみ（ ① ）ので，河口から（ ② ）ところにたい積する。

①［ やすい ］ ②［ 近い ］ 

(2) 図のA～Cにたい積するのは，れき・砂・どろのどれですか。

A［ れき ］ B［ 砂 ］ 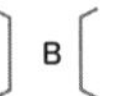 C［ どろ ］ 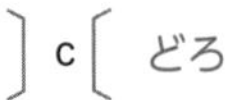

解説 **2** (2) つぶがもっとも大きいれきは，河口からもっとも近いところにたい積します。

24 火山はどんな地層をつくるの？ 本文63ページ

1 次の問いに答えましょう。

(1) 火山がふん火すると，何がふき出しますか。

［ 火山灰 ］

(2) ガラスの破片のようなとう明なつぶを多くふくむのは，火山灰と砂のどちらですか。

［ 火山灰 ］

(3) 火山灰の層の中に見られる，小さな穴がたくさんあいた大きなつぶを何といいますか。

［ 軽石 ］

2 右の図は，火山灰の中のつぶと砂のつぶを，そう眼実体けんび鏡で見たときのようすです。

㋐ 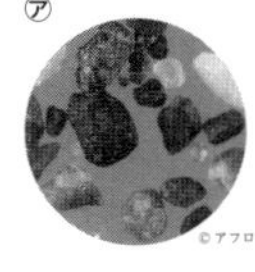

㋑ 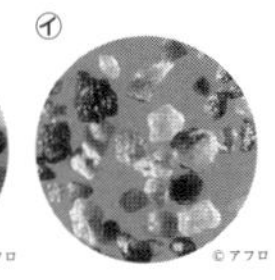

(1) ㋐と㋑では，つぶの形にどのようなちがいが見られますか。次の文の①，②にあてはまる言葉を書きましょう。

●㋐のつぶは（ ① ）が，㋑のつぶは（ ② ）。

①［ 丸みを帯びている ］ ②［ 角ばっている ］

(2) 火山灰の中のつぶを見たときのようすは，㋐，㋑のどちらですか。

［ ㋑ ］

解説 **2** (2) 砂のつぶは，川の水に運ばれる間に角がとれるため，丸みを帯びています。

25 火山がふん火するとどうなるの？

1 次の問いに答えましょう。

(1) 火山の地下にある，どろどろにとけた岩石を何といいますか。

〔 マグマ 〕

(2) (1)が地表にふき出す現象を何といいますか。

〔 ふん火 〕

(3) (1)が液状のまま地表にふき出したものを何といいますか。

〔 よう岩 〕

2 図１は火山のふん火を宇宙から見たときのようす，図２は火山のふん火によってできた島がもとからあった島とくっついたようすを表しています。

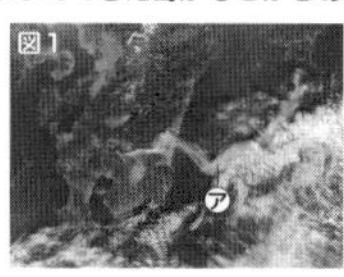

提供：NASA/GSFC, MODIS Rapid Response

提供：海上保安庁

(1) 図１では，火山のふん火でふき出した㋐が風で運ばれています。㋐は何ですか。

〔 火山灰 〕

(2) 図２では，マグマが冷えて固まった㋑によって，島と島がくっついています。㋑は何ですか。

〔 よう岩 〕

解説 **2** (1) 火山灰はつぶが小さいため，風によって遠くまで運ばれます。

26 地しんが起きると大地はどうなるの？

1 次の問いに答えましょう。

(1) 大地にたまったひずみが限界に達し，大地が一気に動いて地表がゆれる現象を何といいますか。

〔 地しん 〕

(2) 大地が一気に動いたときにできたずれを何といいますか。

〔 断層 〕

(3) 海底で地しんが起きたときに発生する，大きな波が陸地におし寄せる現象を何といいますか。

〔 津波 〕

2 図１，図２は，地しんによって起きた大地の変化を表しています。

(1) 図１では，山の斜面がくずれています。このような災害を何といいますか。

〔 土砂（山）くずれ 〕

(2) 図２では，土地が液体のようになって水や砂がふき出した結果，マンホールがうき上がっています。このような現象を何といいますか。

〔 液状化（現象） 〕

解説 **2** (2) 液状化は，河川の周辺や，うめ立て地などで発生しやすいと考えられています。

27 てこって何？

1 次の問いに答えましょう。

(1) 棒のある１点を支えにして，棒の一部に力を加えてものを動かすことができるものを何といいますか。

〔 てこ 〕

(2) (1)で，棒を支えるところを何といいますか。

〔 支点 〕

(3) (1)で，力を加えるところを何といいますか。

〔 力点 〕

(4) (1)で，ものを動かすところを何といいますか。

〔 作用点 〕

2 右の図のように，てこを使って荷物を持ち上げます。

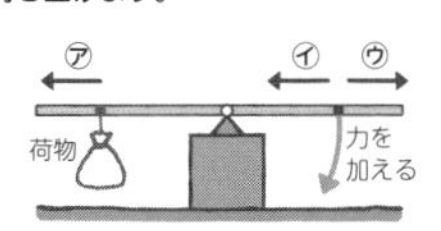

(1) 荷物をつるす位置を㋐の向きに動かすと，必要な力の大きさはどうなりますか。

〔 大きくなる。 〕

(2) より小さな力で荷物を持ち上げるには，力を加える位置を㋑，㋒のどちらに動かせばよいですか。

〔 ㋒ 〕

解説 **2** 支点から作用点までが短いほど，支点から力点までが長いほど，必要な力が小さくなります。

28 てこがつり合うってどういうこと？

1 次の問いに答えましょう。

(1) てこが水平になっていて動かないとき，てこがどうなっているといいますか。

〔 つり合っている。 〕

(2) 実験用てこで，おもりをつるす位置を支点から遠ざけるほど，てこをかたむけるはたらきはどうなりますか。

〔 大きくなる。 〕

(3) 実験用てこで，つるすおもりの数を多くするほど，てこをかたむけるはたらきはどうなりますか。

〔 大きくなる。 〕

2 てこを使って荷物を持ち上げます。

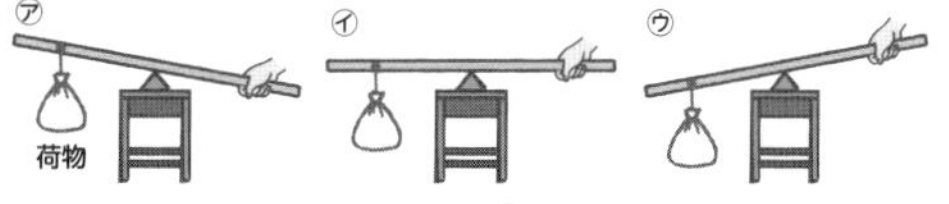

(1) てこがつり合っているのは，㋐と㋑のどちらですか。

〔 ㋑ 〕

(2) ㋒で，てこをかたむけるはたらきが大きいのは，荷物と手のどちらですか。

〔 荷物 〕

解説 **2** (2) てこは，かたむけるはたらきが大きいほうにかたむきます。

29 てこはどういうときにつり合うの？ 本文75ページ

1 次の問いに答えましょう。

(1) てこをかたむけるはたらきは，何と何の積で表すことができますか。

〔おもりの重さ（力の大きさ）〕〔おもりの位置（支点からのきょり）〕

(2) 実験用てこの左うでの4の位置に，10 gのおもりをつるしました。右うでの4の位置に何gのおもりをつるすと，てこがつり合いますか。

〔10 g〕

(3) 実験用てこの左うでの5の位置に，20 gのおもりをつるしました。右うでのどの位置に20 gのおもりをつるすと，てこがつり合いますか。

〔5の位置〕

2 右の図のように，実験用てこの左うでの4の位置に30 gのおもりをつるし，てこをかたむけました。

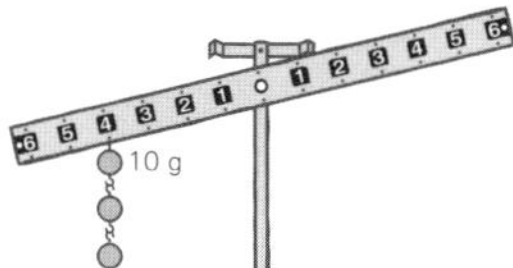

(1) 右うでの5の位置に20 gのおもりをつるすと，てこは次の**ア**～**ウ**のどのようになりますか。

ア 左にかたむいたまま。
イ 水平になる。
ウ 右にかたむく。

〔ア〕

(2) 右うでの3の位置に何gのおもりをつるせば，てこがつり合いますか。

〔40 g〕

解説 **2** てこの左右で，おもりの重さ×おもりの位置の値が等しくなると，てこがつり合います。

30 てこはどのように使われているの？ 本文77ページ

1 次の問いに答えましょう。

(1) ペンチやくぎぬきは，支点，力点，作用点のうちのどれが中にありますか。

〔支点〕

(2) せんぬきや空きかんつぶしは，支点，力点，作用点のうちのどれが中にありますか。

〔作用点〕

(3) ピンセットやトングは，支点，力点，作用点のうちのどれが中にありますか。

〔力点〕

2 くぎぬきを使います。

(1) 右の図の㋐と㋑では，どちらのほうが小さな力でくぎをぬけますか。

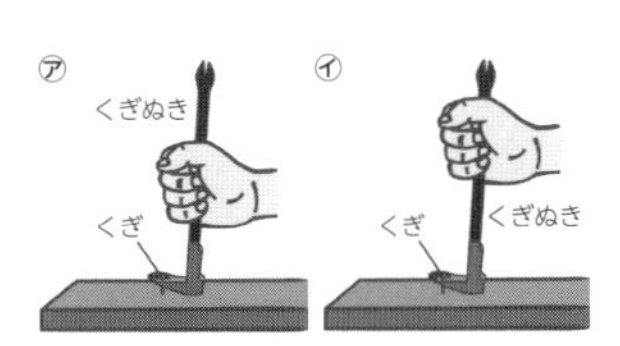

〔㋑〕

(2) (1)のようになる理由を説明します。①，②にあてはまる言葉を書きましょう。

●支点から（ ① ）までのきょりが（ ② ）なるから。

①〔力点〕 ②〔長く〕

解説 **2** ㋐と㋑では，持つところを変えているので，支点から力点までのきょりがちがいます。

31 とけたものをとり出すにはどうする？ 本文81ページ

1 次の問いに答えましょう。

(1) 食塩水から水を蒸発させると，蒸発皿には何が残りますか。

〔食塩（白い固体）〕

(2) 塩酸から水を蒸発させると，蒸発皿に固体が残りますか。

〔残らない。〕

(3) 水を蒸発させたときに何も残らない水よう液にとけているのは，固体と気体のどちらですか。

〔気体〕

2 アンモニア水，石灰水，炭酸水を，それぞれ蒸発皿にとって加熱し，水を蒸発させました。

(1) 蒸発皿にとる前にあわが出ていたのは，どの水よう液ですか。

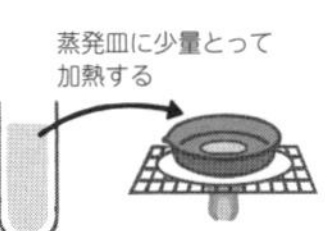

〔炭酸水〕

(2) 加熱後，蒸発皿に何も残らなかったのは，どの水よう液ですか。すべて書きましょう。

〔アンモニア水，炭酸水〕

(3) (2)のようになったのは，水よう液にとけていたものがどうなったからですか。

〔空気中ににげていったから。〕

解説 **2** (2) 気体がとけている水よう液は，水を蒸発させると，何も残りません。

32 炭酸水には何がとけているの？ 本文83ページ

1 次の問いに答えましょう。

(1) 二酸化炭素の水よう液を何といいますか。

〔炭酸水〕

(2) 塩酸にとけている気体は何ですか。

〔塩化水素〕

(3) アンモニア水にとけている気体は何ですか。

〔アンモニア〕

2 炭酸水から出てくるあわ（気体）を，試験管に集めました。

(1) 気体を集めた試験管に石灰水を入れてよくふると，石灰水はどうなりますか。

〔白くにごる。〕

(2) 気体を集めた試験管に火のついた線こうを入れると，線こうの火はどうなりますか。

〔消える。〕

(3) 炭酸水から出てくるあわ（気体）は何ですか。

〔二酸化炭素〕

解説 **2** 炭酸水は二酸化炭素の水よう液で，出てくるあわは二酸化炭素です。

33 酸性・中性・アルカリ性って何？

1 次の問いに答えましょう。

(1) 青色リトマス紙に酸性の水よう液をつけると，何色になりますか。

〔 赤色 〕

(2) アルカリ性の水よう液は，赤色リトマス紙と青色リトマス紙のどちらの色を変化させますか。

〔 赤色リトマス紙 〕

(3) 赤色リトマス紙の色も青色リトマス紙の色も変化させない水よう液の性質を何といいますか。

〔 中性 〕

2 次の㋐～㋕の水よう液の性質を調べます。

㋐ 石灰水　㋑ 食塩水　㋒ アンモニア水
㋓ 炭酸水　㋔ 砂糖水　㋕ 塩酸

(1) 中性の水よう液を，㋐～㋕からすべて選びましょう。

〔 ㋑，㋔ 〕

(2) 赤色リトマス紙の色を青色に変える水よう液を，㋐～㋕からすべて選びましょう。

〔 ㋐，㋒ 〕

(3) BTB 液に入れたときの色の変化が塩酸と同じ水よう液を，㋐～㋔から1つ選びましょう。

〔 ㋓ 〕

解説 2 (2) 赤色リトマス紙の色を青色に変えるのは，アルカリ性の水よう液です。

34 金属をとかす水よう液ってあるの？

1 次の問いに答えましょう。

(1) アルミニウムや鉄などの金属に塩酸を加えると，金属はどうなりますか。

〔（あわを出しながら）とける。〕

(2) 水酸化ナトリウム水よう液にとけるのは，アルミニウムと鉄のどちらですか。

〔 アルミニウム 〕

(3) 中性の水よう液に，金属をとかすはたらきはありますか。

〔 ない。 〕

2 ビーカーA～Cには，塩酸，水酸化ナトリウム水よう液，食塩水のどれかが入っています。それぞれの水よう液を試験管にとり，アルミニウムはくやスチールウール（鉄）を入れると，次の表のようになりました。ビーカーA～Cに入っている水よう液は，それぞれ何ですか。

	A	B	C
アルミニウムはく	とけなかった。	あわを出しながらとけた。	あわを出しながらとけた。
スチールウール	とけなかった。	とけなかった。	あわを出しながらとけた。

A〔 食塩水 〕

B〔 水酸化ナトリウム水よう液 〕

C〔 塩酸 〕

解説 2 塩酸はアルミニウムも鉄もとかし，水酸化ナトリウム水よう液はアルミニウムをとかします。

35 とけた金属はどうなるの？

1 次の問いに答えましょう。

(1) 塩酸にアルミニウムをとかした液から水を蒸発させると，何色の固体が出てきますか。

〔 白色 〕

(2) (1)の固体は，水にとけますか。

〔 とける。 〕

(3) (1)の固体は，もとのアルミニウムと同じものですか，ちがうものですか。

〔 ちがうもの 〕

2 塩酸に鉄をとかした液を加熱して，水を蒸発させると，固体が出てきました。

塩酸に鉄をとかした液

(1) 出てきた固体は，何色ですか。

〔 うすい黄色 〕

(2) ①塩酸を加えるとあわを出しながらとける，②磁石に引きつけられるのは，鉄と出てきた固体のどちらですか。

①〔 鉄 〕 ②〔 鉄 〕

(3) 出てきた固体は，もとの鉄と同じだといえますか。

〔 いえない。 〕

解説 2 (2)① 出てきた固体も塩酸にとけますが，あわは出ません。

36 電気はどうやってつくるの？

1 次の問いに答えましょう。

(1) 手回し発電機のハンドルを回すと，中に入っている何のじくが回転して，電気がつくられますか。

〔 モーター 〕

(2) 手回し発電機のハンドルを逆向きに回すと，とり出せる電流の向きはどうなりますか。

〔 逆になる。 〕

(3) 光を当てると電気をつくることができるものを何といいますか。

〔 光電池 〕

(4) (3)に当てる光を強くすると，とり出せる電流の大きさはどうなりますか。

〔 大きくなる。 〕

2 手回し発電機に豆電球と簡易検流計をつなぎ，ハンドルを回したところ，豆電球が光り，簡易検流計の針が右にふれました。

(1) ハンドルを逆向きに回すと，針は左・右のどちらにふれますか。

〔 左 〕

(2) ハンドルを回す速さを速くすると，豆電球の光り方はどうなりますか。

〔 明るくなる。 〕

解説 2 ハンドルを逆向きに回すと電流の向きが逆になり，速く回すと電流が大きくなります。

37 発電方法にはどんなものがあるの？ 本文95ページ

1 次の問いに答えましょう。

(1) ダムにためた水を落として水車を回す発電方法を何といいますか。

〔 水力発電 〕

(2) 原子力発電では，ウランから出る熱で何をつくって，タービンを回していますか。

〔 水蒸気 〕

(3) 風の力を使ってプロペラを回す発電方法を何といいますか。

〔 風力発電 〕

(4) 太陽光発電では，大きなパネルに何を当てて発電しますか。

〔 日光 〕

2 右の図は，火力発電で発電するようすを表しています。

(1) 火力発電では，石炭などを燃やしてつくった㋐でタービンを回します。㋐は何ですか。

〔 水蒸気 〕

(2) タービンは，手回し発電機の何と同じはたらきをしていますか。

〔 ハンドル 〕

解説 2 (1) 火力発電では，石炭などを燃やして水を加熱して，できた水蒸気でタービンを回しています。

38 電気をためることってできるの？ 本文97ページ

1 次の問いに答えましょう。

(1) 電気をためることを何といいますか。

〔 蓄電（充電） 〕

(2) 電気製品や防災ラジオに使われている，電気をためることができる器具を何といいますか。

〔 コンデンサー 〕

(3) 何度も電気をためて，くり返し使うことができるのは，かん電池と充電池のどちらですか。

〔 充電池 〕

2 コンデンサーを手回し発電機につなぎ，ハンドルを一定の速さで10回回しました。このコンデンサーを豆電球につなぐと，豆電球が光りました。

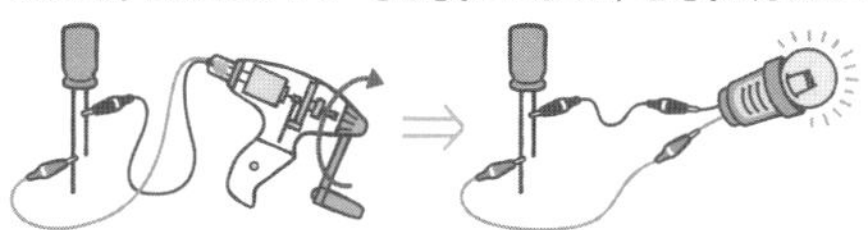

(1) ハンドルを回す回数を30回にすると，コンデンサーにたまる電気の量はどうなりますか。

〔 多くなる。 〕

(2) (1)のとき，豆電球が光る時間はどうなりますか。

〔 長くなる。 〕

解説 2 ハンドルを多く回すほどたまる電気の量が多くなるので，豆電球を長く点灯させられます。

39 電気はどのように使われているの？ 本文99ページ

1 次の問いに答えましょう。

(1) 電気ストーブをつけると，あたたかくなりました。このとき，電気は何に変かんされていますか。

〔 熱 〕

(2) スイッチを入れると，部屋の照明がつきました。このとき，電気は何に変かんされていますか。

〔 光 〕

(3) スイッチをおすと，防犯ブザーが鳴りました。このとき，電気は何に変かんされていますか。

〔 音 〕

(4) 電車に乗っています。電車は，電気を何に変かんして走らせていますか。

〔 運動 〕

2 電気をおもに熱，光，音，運動に変かんして利用しているものを，次のア～ケからそれぞれすべて選びましょう。

ア アイロン　**イ** かい中電灯　**ウ** スピーカー
エ せん風機　**オ** 電気自動車　**カ** 電子オルゴール
キ ドライヤー　**ク** ヘッドホン　**ケ** 豆電球

熱〔 ア，キ 〕　光〔 イ，ケ 〕

音〔 ウ，カ，ク 〕　運動〔 エ，オ 〕

解説 2 せん風機や電気自動車は，中に入っているモーターを動かすことで，羽根やタイヤを回します。

40 どうしたら電気を効率的に利用できるの？ 本文101ページ

1 次の問いに答えましょう。

(1) 明かりをつけたとき，使う電気の量が少ないのは，豆電球と発光ダイオードのどちらですか。

〔 発光ダイオード 〕

(2) 明かりをつけたとき，さわるとあたたかいのは，豆電球と発光ダイオードのどちらですか。

〔 豆電球 〕

(3) コンピュータが動作するための指示をつくることを，何といいますか。

〔 プログラミング 〕

2 同じ量の電気をためたコンデンサーを豆電球と発光ダイオードにつなぐと，どちらも明かりがつきました。

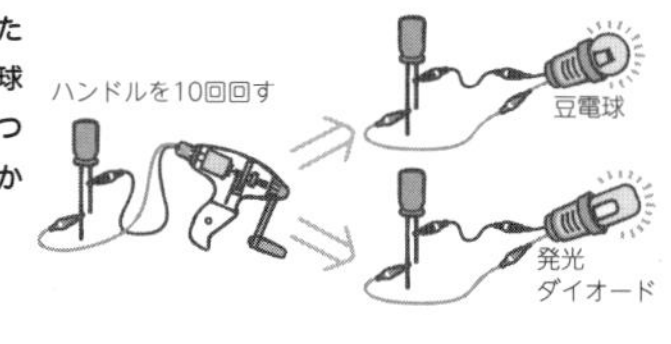

(1) 先に明かりが消えるのは，豆電球と発光ダイオードのどちらですか。

〔 豆電球 〕

(2) 電気を光に変かんする割合が高いのは，豆電球と発光ダイオードのどちらですか。

〔 発光ダイオード 〕

解説 2 光以外に変かんされる電気が多いと，その分だけ余計に電気を使います。

41 水もじゅんかんしてるの？

1 次の問いに答えましょう。

(1) 地表の水が蒸発すると，何にすがたを変えますか。

〔 水蒸気 〕

(2) (1)が上空の高いところで冷やされると，水や氷にすがたを変え，何ができますか。

〔 雲 〕

(3) 地表にもどってきた水は，やがてどこに流れこみますか。

〔 海 〕

(4) 人は，地表にある水を何に利用していますか。

〔 生活（農業，工業） 〕

2 次の文の①～④にあてはまる言葉を書きましょう。

- 地表の水は，地面や水面からの（ ① ）や，生物の呼吸，植物の（ ② ）などによって水蒸気となり，空気中にふくまれる。
- 空気中の水蒸気は，上空で冷やされて，小さな（ ③ ）や氷のつぶに変わって雲になり，雨や（ ④ ）となって地表にもどる。

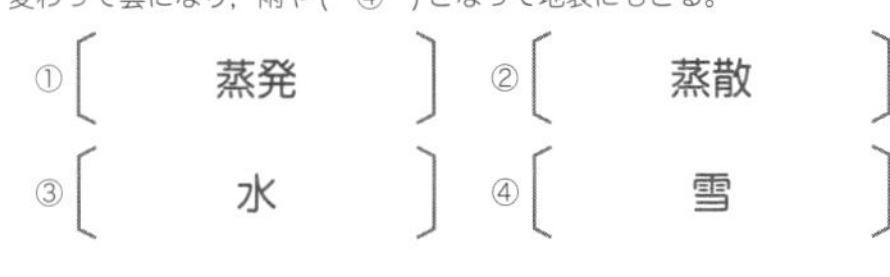

① 〔 蒸発 〕 ② 〔 蒸散 〕

③ 〔 水 〕 ④ 〔 雪 〕

解説 2 ① 水は，ふっとうしなくても，地面や水面から蒸発して水蒸気になります。

42 空気や水をよごすとどうなるの？

1 次の問いに答えましょう。

(1) ガソリンや石炭などの化石燃料を燃やすと発生する気体は何ですか。

〔 二酸化炭素 〕

(2) (1)の増加が原因の１つとされる環境問題は何ですか。

〔 地球温暖化 〕

(3) ガソリンや石炭などの化石燃料を燃やすと発生する「空気をよごすもの」が原因となる環境問題を，２つ書きなさい。

〔 酸性雨 〕〔 光化学スモッグ 〕

(4) 空気や水がよごれると，その悪いえいきょうは，人にまで関わってくるといえますか。

〔 いえる。 〕

2 次のア～エを，①空気をよごす原因となるもの，②水をよごす原因となるものに分けましょう。

ア 洗たく用の洗ざい　　イ ガソリンで動く自動車
ウ 工場からのはい水　　エ 工場のはい出ガス

① 〔 イ，エ 〕

② 〔 ア，ウ 〕

解説 2 イ…ガソリンを燃やして自動車を動かすので，はい気ガスが空気をよごす原因となります。

43 環境を守るための工夫ってあるの？

本文 109 ページ

1 次の問いに答えましょう。

(1) 家庭や工場からのはい水を，川に流す前にきれいにする施設を何といいますか。

〔 下水処理場 〕

(2) ガソリンを使わない自動車の利用は，おもに水と空気のどちらを守る取り組みといえますか。

〔 空気 〕

(3) 食器の油よごれをふきとってから洗うことは，おもに水と空気のどちらを守る取り組みといえますか。

〔 水 〕

(4) 電気の使用量を減らすことにより，火力発電で出る何という気体の量を減らすことができますか。

〔 二酸化炭素 〕

2 次のア～カから，環境を守るための取り組みとしてよいものを３つ選びましょう。

ア 自動車を共同利用して，はい気ガスを減らす。
イ 森林を開発して，住宅地をつくる。
ウ 干潟をうめ立てて，風力発電所をつくる。
エ 川岸の植物をばっさいして，コンクリートで護岸する。
オ 国立公園を設けて，動物や植物を保護する。
カ ごみを分別して，リサイクルしやすくする。

〔 ア 〕〔 オ 〕〔 カ 〕

解説 2 エ…近年は，川岸に植物を残し，動物もすめるようにした護岸が行われています。

復習テスト① (本文14～15ページ)

1
(1) A
(2) B－イ　C－ウ

ポイント

(1) Aはびんの中の空気が入れかわらないため，ろうそくの火がすぐに消えます。
(2) B，Cは，びんの中の空気が入れかわります。燃えた後の空気は軽いため，びんの口から出ていきます。

2
(1) 酸素
(2) B

ポイント

(1) 酸素にはものを燃やすはたらきがあるので，酸素中では，ものが空気中より激(はげ)しく燃えます。
(2) 空気の約78%はちっ素，約21%は酸素です。したがって，Aはちっ素，Bは酸素です。Cは二酸化炭素などのその他の気体です。

3
(1) ウ
(2) 二酸化炭素

ポイント

(1) 石灰水(せっかいすい)には，二酸化炭素にふれると白くにごる性質があります。
(2) 燃えた後の空気は，石灰水を白くにごらせたことから，二酸化炭素を多くふくむことがわかります。

4
(1) イ　(2) B
(3) 炭（火）のまわりの空気が入れかわるから。

ポイント

(1) 炭は，ほのおを出さずに，赤くなって燃えます。
(2)(3) 炭と炭の間にすきまをつくっておくと，空気の通り道ができるので，燃えている炭のまわりの空気が，新しい空気に入れかわります。新しい空気にふれることで，炭がよく燃えます。

復習テスト② (本文26～27ページ)

1
(1) ㋐
(2) 呼吸(こきゅう)

ポイント

(1) はき出した息は，吸(す)う空気と比べて，酸素が少なく，二酸化炭素が多くなっています。
(2) 血液中に酸素をとり入れ，血液中の二酸化炭素を出すはたらきを呼吸といいます。

2
(1) ア
(2) A－変化しない。
B－青むらさき色になる。
(3) でんぷんを別のものに変えるはたらき

ポイント

(1) 液の温度が体温くらいになるようにします。
(3) ヨウ素液の変化から，Aにはでんぷんがなく，Bにはでんぷんがあることがわかります。AとBで変えている条件はだ液があるかどうかなので，だ液によってでんぷんが別のものになったといえます。

3
(1) 消化液
(2) 口→㋐→㋒→㋔→㋓→こう門
(3) ㋔

ポイント

(2) 消化管は，口→食道（㋐）→胃(い)（㋒）→小腸(しょうちょう)（㋔）→大腸(だいちょう)（㋓）→こう門とひと続きになっています。なお，㋑はかん臓(ぞう)です。

4
(1) ㋐・㋑　(2) じん臓
(3) 体の各部分に，より多くの酸素や養分を届(とど)けるため。

ポイント

(1) 肺(はい)で血液中の二酸化炭素が出されるので，肺を通る前の血液は二酸化炭素を多くふくみます。
(3) 血液には，酸素や養分を全身に運んだり，二酸化炭素や不要なものを全身から受けとったりするはたらきがあります。

復習テスト③ (本文34~35ページ)

1

(1) **青むらさき色**　(2) **エ**

(3) **B －ない。　C －ある。**

(4) **葉に日光が当たること。**

(5) **イ**

ポイント

(2) ヨウ素液につけても色が変化しなかったことから，実験当日の朝の時点で，Aの葉にでんぷんがないことがわかります。したがって，前日から同じ条件にしておいたB，Cの葉についても，実験当日の朝の時点では，でんぷんがないと考えられます。

(4) (2)，(3)から，日光に当てる前には，葉にはでんぷんがなかったので，Cの葉にできたでんぷんは，日光に当たったことによってできたといえます。

(5) アルミニウムはくでおおった部分には日光が当たらないので，でんぷんができません。

2

(1) **横に切ったとき－ア**
縦に切ったとき－オ

(2) **水**

(3) **バラのくきを縦に2つにさき，一方を赤い色水，もう一方を青い色水にさす。**

ポイント

(3) 植物の体内では，水は決まったところを通ります。したがって，赤い色水を吸い上げたところとつながっている部分は赤く染まり，青い色水を吸い上げたところとつながっている部分は青く染まります。

3

(1) **気こう**

(2) **蒸散**

ポイント

(1) 葉の表面などに見られる，三日月のような形のものにはさまれた小さな穴を，気こうといいます。この穴は開いたり閉じたりします。

復習テスト④ (本文46~47ページ)

1

(1) **食物連鎖**

(2) **A－ア　B－エ**

(3) **イネを食べるバッタなどのこん虫を，アイガモが食べるから。**

ポイント

(2) 食物連鎖は，「植物→草食動物→小形の肉食動物→大形の肉食動物」のようにつながります。したがって，Aはバッタが食べる植物，Bはモズを食べる大形の肉食動物です。

(3) バッタはイネなどを食べますが，モズなどの鳥に食べられます。アイガモのひながバッタを食べると，イネを食べるバッタがいなくなるので，イネを守ることができます。

2

(1) **㋑，㋒，㋐**

(2) **食べる。**

ポイント

(1) ㋐はイカダモ，㋑はミジンコ，㋒はゾウリムシです。写真ではほぼ同じ大きさに見えますが，けんび鏡の倍率がちがいます。実際の大きさは，㋐が写真の240分の1，㋑が写真の25分の1，㋒が写真の100分の1です。

3

(1) **A－イ　B－ア**　(2) **ウ**

(3) **呼吸**

ポイント

(1) 日光に当たっているとき，植物は空気中の二酸化炭素をとり入れて，空気中に酸素を出します。

(2) 日光に当たっていないとき，植物は空気中の酸素をとり入れて，空気中に二酸化炭素を出します。

4

① **×**　② **×**

③ **○**　④ **×**

ポイント

① 生物の体の大部分は，水でできています。

② 食べ物を通しても，水をとり入れています。

復習テスト⑤ (本文56～57ページ)

1 ① ○ ② ×
③ ○ ④ ×

ポイント

② 月は，岩石などの固体でできています。

④ 月は，自分では光を出さず，太陽の光を反射して光っています。

2 (1) A→B→C→E→D (2) エ
(3) ① ウ ② E

ポイント

(1) 月は右側から満ちていき，右側から欠けていきます。

(3)① 太陽が西の空に見えるので，夕方です。

② 月が東の空，太陽が西の空に見えるので，月と太陽は地球をはさんで反対側にあります。地球からは月の光が当たっている部分がすべて見え，満月となります。

3 (1) ボール
(2) A－オ B－ウ C－ア

ポイント

(2)A 光が当たっている部分は右側で，多くの部分が見えます。

B 光が当たっている部分は左側で，半分見えます。

C 光が当たっている部分は，まったく見えません。

4 (1) 上弦の月 (2) 西の空
(3) ㋐

ポイント

(1) 右側の半分が明るく見えるのが上弦の月，左側の半分が明るく見えるのが下弦の月です。

(2) 太陽は，月の明るく見える側にあります。

(3) 地球から，月の光が当たっている部分が半分見えるのは，月が㋐か㋔にあるときです。㋐のときは右側，㋔のときは左側が明るく見えます。

復習テスト⑥ (本文68～69ページ)

1 (1) **地層** (2) **断層** (3) **2回**
(4) **火山灰の層が2つあるから。**
(5) **アサリの化石がふくまれている層があるから。**

ポイント

(4) 火山灰は，火山のふん火のときにふき出します。図から，アサリの化石をふくむ層がたい積する前後に，それぞれ火山のふん火があったと考えられます。

(5) アサリは浅い海で生活する生物です。海底の浅いところに土砂がたい積したときに，アサリがとりこまれ，化石になったと考えられます。

2 (1) ア，エ
(2) **すぐに高いところにひなんする。**

ポイント

(1) イ，ウは，地しんによる大地の変化や災害です。

(2) 津波では，ふだんよりもはるかに高い波がおし寄せてくることがあります。そのため，すぐに高いところにひなんします。

3 (1) **れき→砂→どろ** (2) ウ (3) ㋐
(4) **丸みを帯びている**
(5) **水によって運ばれる間に，角がけずられるから。**
(6) **どろ**

ポイント

(2) つぶが大きいものほど，しずみやすく，底のほうに積もります。

(3) つぶが大きいものほど，しずみやすく，河口の近くに積もります。

(4) 流れる水のはたらきでできた層のつぶは丸みを帯びていますが，火山のはたらきでできた層のつぶは角ばっています。

(6) れき，砂，どろがおし固められると，それぞれれき岩，砂岩，でい岩になります。

復習テスト⑦ (本文78～79ページ)

1

(1) **つり合っていない。**
(2) A…**作用点** B…**支点** C…**力点**
(3) **小さくする。** (4) ア，エ，オ

ポイント

(3) おす力を小さくして，てこをかたむけるはたらきを小さくします。
(4) 支点から力点までのきょりが長いほど，また，支点から作用点までのきょりが短いほど，必要な力が小さくなります。

2

(1) **50 g**
(2) **5の位置**

ポイント

(1) 左右のうでの同じ位置に，同じ重さのものをつるすと，てこがつり合います。
(2) てこを左にかたむけるはたらきは，50 g×3で150です。右うでの5の位置に1個10 gのおもりを3個つるすと，右にかたむけるはたらきは，30 g×5で150になり，左右で等しくなります。

3

(1) **右** (2) ア，ウ，エ
(3) **左の6**

ポイント

(1) てこを左にかたむけるはたらきは，30 g×2で60，右にかたむけるはたらきは，20 g×6で120です。
(3) 左の6に10 gのおもりを1個追加すると，てこを左にかたむけるはたらきが，60＋10 g×6で120になります。

4

(1) ア，オ
(2) A

ポイント

(1) ペンチとくぎぬきは支点，せんぬきは作用点が中にあります。
(2) Aのほうが支点から作用点までのきょりが短いので，必要な力が小さくなります。

復習テスト⑧ (本文90～91ページ)

1

(1) **前に調べた水よう液がガラス棒に残らないようにするため。**
(2) **アルカリ性** (3) **気体**
(4) B…**アンモニア水** C…**石灰水**
D…**食塩水**
(5) ア，ウ

ポイント

(1) 前に調べた水よう液と，これから調べたい水よう液が混ざると，性質を正しく調べることができません。
(2) 酸性の水よう液は青色リトマス紙を赤色に変え，アルカリ性の水よう液は赤色リトマス紙を青色に変えます。
(4) Bはアルカリ性で気体がとけているので，アンモニア水です。Cはアルカリ性で固体がとけているので，石灰水です。Dは中性なので，食塩水です。
(5) AとEは，塩酸と炭酸水のどちらかです。
ア…塩酸にはにおいがありますが，炭酸水にはにおいがありません。
イ…どちらも酸性なので，黄色になります。
ウ…塩酸はスチールウールをとかしますが，炭酸水はとかしません。

2

(1) **二酸化炭素が水にとけたから。**
(2) **白くにごる。**

ポイント

(1) とけた二酸化炭素の分だけ，ペットボトル内の気体の体積が小さくなり，へこみます。
(2) 二酸化炭素が水にとけた炭酸水にも，石灰水を白くにごらせる性質があります。

3

(1) ウ (2) ウ (3) イ
(4) **別のものに変える**

ポイント

(4) 塩酸は，金属をとかして別のものに変化させます。水が食塩をとかすときのように，性質を変えずにとかすわけではありません。

復習テスト⑨ (本文102～103ページ)

1
(1) **回り方が速くなる。**
(2) **回る向きが逆になる。**

ポイント

(1) ハンドルを速く回すと，流れる電流が大きくなり，プロペラが速く回ります。
(2) ハンドルを逆向きに回すと，電流の向きが逆になり，プロペラが逆向きに回ります。

2
(1) **ハンドルを回す回数が多いほど，たまる電気の量が多い。**
(2) **豆電球**　(3) **光，熱**

ポイント

(1) ハンドルを回す回数が多いほど，豆電球や発光ダイオードに明かりがついている時間が長いので，たまった電気が多いといえます。
(2) コンデンサーにためた電気の量は同じなので，明かりがついている時間が短いほど，使う電気の量が多いといえます。
(3) 電気は，目的のものだけに変かんすることはできず，熱や音など，目的以外のものにも変かんされてしまいます。

3
(1) ① **風力発電**　② **太陽光発電**
(2) **昼間や風があるときに発電した電気をためておくことで，夜間の風がないときでも明かりをつけることができる点。**

ポイント

(2) 日光が当たっているときは太陽光パネルで，風があるときは風車で発電することができますが，日光も風もないときは発電することができません。

4
① ア　② エ
③ イ　④ ウ

ポイント

人がいて温度が低いときはスイッチが入り，人がいないときや温度が低くないときはスイッチが切れるようにプログラミングします。

復習テスト⑩ (本文110～111ページ)

1
(1) **気体**　(2) **雨**
(3) ウ　(4) **食物連鎖**
(5) **自然にやさしい洗ざいを使う。洗ざいを使いすぎないようにする。　など**

ポイント

(1) 地表の水は，地面や水面からの蒸発などにより，気体である水蒸気になって空気中にふくまれます。
(4) ある生物に悪いえいきょうが出ると，その生物を食べる生物にも悪いえいきょうが出ます。これをくり返して，やがて，人にも悪いえいきょうが出ます。
(5) 「何を使うか」「どのように使うか」に着目します。

2
(1) **酸素，二酸化炭素**
(2) **平均気温が上がる。**
(3) イ

ポイント

(1) 植物は日光が当たると，二酸化炭素をとり入れて酸素を出します。森林がなくなると，このはたらきがなくなってしまいます。
(2) 二酸化炭素は，地球温暖化の原因の気体の１つと考えられています。

3
(1) ウ，エ
(2) ウ

ポイント

(1) ア…酸性雨のえいきょうで湖の水が酸性になると，魚が死んでしまいます。
イ…赤潮やアオコは，海や川，湖などでプランクトンが異常にふえ，水が赤色や緑色に見える現象で，水のよごれが原因の１つです。
(2) 近年，マイクロプラスチック（プラスチックの小さなかけら）が生物の臓器などに悪いえいきょうをあたえることが問題になっています。